OIE陆生动物卫生监测指南（2014版）

世界动物卫生组织（OIE）　　编

农 业 农 村 部 畜 牧 兽 医 局
中国动物卫生与流行病学中心　　组译
中 国 动 物 疫 病 预 防 控 制 中 心

中国农业出版社
北 京

图书在版编目（CIP）数据

OIE陆生动物卫生监测指南：2014版 / 世界动物卫生组织（OIE）编；农业农村部畜牧兽医局，中国动物卫生与流行病学中心，中国动物疫病预防控制中心组译. — 北京：中国农业出版社，2020.8
ISBN 978-7-109-26630-8

Ⅰ.①O… Ⅱ.①世… ②农… ③中… ④中… Ⅲ.① 兽疫–卫生监测–指南 Ⅳ.①S851.33–62

中国版本图书馆CIP数据核字（2020）第036952号

OIE陆生动物卫生监测指南：2014版
OIE LUSHENG DONGWU WEISHENG JIANCE ZHINAN：2014BAN

中国农业出版社出版
地址：北京市朝阳区麦子店街18号楼
邮编：100125
责任编辑：刘　伟
版式设计：王　晨　责任校对：沙凯霖
印刷：中农印务有限公司
版次：2020年8月第1版
印次：2020年8月北京第1次印刷
发行：新华书店北京发行所
开本：787mm×1092mm　1/16
印张：8.5
字数：150千字
定价：80.00元

本书翻译委员会

组　　　译	农业农村部畜牧兽医局
	中国动物卫生与流行病学中心
	中国动物疫病预防控制中心

主 任 委 员　王功民　黄保续　陈伟生

副主任委员　郑增忍　辛盛鹏　陈国胜

委　　　员　赵晓丹　王幼明　康京丽　翟新验
　　　　　　　庞素芬　刘陆世　杜　建

主　　　译　康京丽　范伟兴

副　主　译　翟新验　杜　建

译　　　者　康京丽　范伟兴　翟新验　杜　建
　　　　　　　谢印乾　崔基贤　李树博　兰邹然
　　　　　　　庞素芬　刘陆世　赵肖璟　孙洪涛
　　　　　　　姜　雯　张森洁　刘林青　付　雯
　　　　　　　张　倩　徐天刚　李金明　周宏鹏
　　　　　　　狄栋栋

主　　　审　庞素芬　陈国胜

审　　　稿　赵晓丹　翟新验　刘　栋　王羽新
　　　　　　　郑　敏　陈平洁　刘建文　王楷宬
　　　　　　　倪雪霞　孟　明　吴发兴

《OIE出版物系列丛书》总序

世界动物卫生组织（OIE）成立于1924年，现有182个成员，总部在法国巴黎。作为全球兽医卫生组织，OIE在全球动物卫生和食品安全领域发挥着至关重要的作用。OIE始终致力于提高各成员兽医立法和兽医体系服务水平，统一协调各成员动物疫病防控活动，制定动物产品国际贸易动物卫生标准和规则，促进各成员动物疫情透明化，提升全球动物及产品卫生安全和贸易水平。OIE是世界贸易组织（WTO）指定负责制定国际动物卫生标准规则的唯一国际组织。各成员间开展动物及动物产品贸易都遵循OIE的规定。

我国一贯高度重视与OIE的交流合作，不断加强技术和信息交流。自2007年恢复在OIE合法权益后，我国全面参与OIE相关工作，成果丰硕。一方面，我国牛瘟、牛肺疫、非洲马瘟等无疫和疯牛病风险可忽略状况得到OIE认证，17家兽医实验室被OIE确定为国际参考实验室，3家单位被OIE确定为国际协作中心，标志着我国动物疫病防控成效、兽医实验室科技能力和水平得到广泛认可；另一方面，我国积极主动参与OIE技术议题研究和标准制修订工作，积极推动将国内动物疫病防控和兽医管理经验转化为国际标准，为推动全球兽医工作发展贡献了中国智慧。

2018年8月，中国首次发生非洲猪瘟，给中国养猪业带来巨大影响。在经济全球化的大背景下，疫情无国界，任何国家都不能独善其身。提高动物卫生和食品安全水平，建立人类命运共同体，需要各OIE成员不懈努力，需要国际社会共享经验、密切合作。国际动物卫生标准和规则是国际社会兽医工作实践经验的总结和凝练，《OIE出版物系列丛书》将成为推动我国兽医工作的重要工具。

2020年是我国全面建成小康社会的实现之年，也是《国家中长期动物疫病防治规划（2012—2020年）》收官之年。在非洲猪瘟防控常态化形势面前，在我国面临着越来越多境外动物疫病威胁的严峻形势下，我国动物疫病防控面临着新的挑战。我们要从战略高度和全局视角谋划未来，努力创新动物防疫机制，路径之一就是密切跟踪研究国际标准，积极推广应用，这不仅是履行好国际义务的需要，更是促进我国兽医事业健康发展的需要。

为方便国内更多的兽医工作者研究借鉴最新的国际标准，农业农村部先后于2012年3月、2019年5月与OIE就翻译、出版、发行OIE出版物签署了谅解备忘录，作为唯一被授权机构在中国翻译出版OIE出版物。我们已经陆续出版了《OIE陆生动物卫生法典（2012版）》《OIE陆生动物诊断试验与疫苗手册（2012版）》《OIE水生动物卫生法典（2012版）》《OIE水生动物诊断试验手册》《OIE兽医机构效能评估工具（第六版）》等书籍，本次出版的是最新版《OIE陆生动物卫生监测指南》。丛书的出版将对我国广大兽医工作者了解和学习最新国际动物卫生标准规则和管理理念有所裨益，对服务我国动物卫生工作大局发挥积极作用。

中华人民共和国农业农村部副部长

2020年6月

序言

　　行之有效的动物卫生监测可促进兽医机构在国民经济、食品安全和保障人类健康等方面发挥重要作用。动物卫生监测的宗旨是及时提供有效信息，对动物疫情进行早期预警，帮助决策者迅速做出应对策略，控制疫情传播及其影响。国家动物卫生监测项目是动物疫病控制工作的必要组成部分，是宣布整个区域或部分地区为某疫病无疫状态、安全从事动物和动物产品贸易的先决条件。

　　应各成员要求，世界动物卫生组织（OIE）委托50多位专家编写了《陆生动物卫生监测指南》，以此作为设计、实施和评估动物卫生监测系统的工具。全球监测领域专家为本指南的编写做出了重要贡献。考虑到动物种类繁多、OIE各成员情况不同、动物卫生形势复杂多变，为满足国家和国际需求，本指南为协调统一监测工作方法提供了一个灵活的框架，保证监测方法能够与时俱进，始终适应动物卫生工作的新机遇、新挑战。

　　符合OIE质量标准的兽医机构是有效开展动物卫生被动及主动监测的基石，也是官方机构与兽医、畜主、护林员及狩猎者保持良好公私伙伴关系的基础。

致谢

本指南在OIE总干事的指示及OIE动物疫病科学委员会的监督下起草完成。在此，OIE谨向OIE野生动物疫病工作组和流行病学专家小组参与本指南编辑和审稿的各位专家表示衷心感谢。

OIE特别鸣谢：

编辑

Gideon Brückner	动物疫病科学委员会
Lea Knopf	OIE科学与技术部
Stuart C. MacDiarmid	陆生动物卫生标准委员会
Susanne Münstermann	OIE科学与技术部

作者

Angus Cameron	澳大利亚兽医局动物卫生处
Jeff Mariner	肯尼亚国际畜牧研究院
Larry Paisley	丹麦技术大学
Jane Parmley	加拿大野生动物协作中心
François Roger	法国国际农业研究中心
Aaron Scott	美国农业部/动植物卫生检验署/兽医局/流行病学与动物卫生中心
Preben Willeberg	美国加州大学戴维斯分校
Martiens Wolhunter	南非农业部

贡献者

Maria Celia Antognoli	美国农业部/动植物卫生检验署/兽医局/流行病学与动物卫生中心

John Berezowski	西印度群岛圣基茨和尼维斯罗斯大学兽医学院
Stan D. Bruntz	美国农业部/动植物卫生检验署/兽医局/流行病学与动物卫生中心
Eric Bush	美国农业部/动植物卫生检验署/兽医局/流行病学与动物卫生中心
Paola Calistri	意大利阿布鲁佐和莫利塞地区动物疫病预防控制研究院
Alexandre Caron	法国蒙彼利埃国际农业研究中心/动物卫生与风险综合管理部科研组
Véronique Chevalier	法国蒙彼利埃国际农业研究中心/动物卫生与风险综合管理部科研组
Barbara Corso	美国农业部/动植物卫生检验署/兽医局/流行病学与动物卫生中心
Stéphane Desvaux	法国蒙彼利埃国际农业研究中心/动物卫生与风险综合管理部科研组
Glen Duizer	加拿大曼尼托巴省农业厅食品和农村事务部
Eric Etter	法国蒙彼利埃国际农业研究中心/动物卫生与风险综合管理部科研组
Kim Forde-Folle	美国农业部/动植物卫生检验署/兽医局/国家动物卫生应急管理中心
Flavie Goutard	法国蒙彼利埃国际农业研究中心/动物卫生与风险综合管理部科研组
Lori Gustafson	美国农业部/动植物卫生检验署/兽医局/流行病学与动物卫生中心
Janet Hughes	美国农业部/动植物卫生检验署/兽医局/流行病学与动物卫生中心
Angela James	美国农业部/动植物卫生检验署/兽医局/流行病学与动物卫生中心
Cheryl James	加拿大食品检验局
Cynthia L. Johnson	美国农业部/动植物卫生检验署/兽医局/流行病学与动物卫生中心
Becky Jones	美国农业部/动植物卫生检验署/兽医局流行病

	学与动物卫生中心
Ferran Jorri	法国蒙彼利埃国际农业研究中心/动物卫生与风险综合管理部科研组
Harold Kloeze	加拿大食品检验局
Albert 'Skip' Lawrence	美国农业部/动植物卫生检验署/兽医局/流行病学与动物卫生中心
Jason Lombard	美国农业部/动植物卫生检验署/兽医局/流行病学与动物卫生中心
Sophie Molia	法国蒙彼利埃国际农业研究中心/动物卫生与风险综合管理部科研组
Pia K. Muchaal	加拿大公共卫生局
Stephen Ott	美国农业部/动植物卫生检验署/兽医局/流行病学与动物卫生中心
Marisa Peyre	法国蒙彼利埃国际农业研究中心/动物卫生与风险综合管理部科研组
Marta Remmenga	美国农业部/动植物卫生检验署/兽医局/流行病学与动物卫生中心
Carl Ribble	加拿大不列颠哥伦比亚省海洋卫生中心
Gary S. Ross	美国农业部/动植物卫生检验署/兽医局/流行病学与动物卫生中心
Emi Kate Saito	美国农业部/动植物卫生检验署/兽医局/流行病学与动物卫生中心
Helen Schwantje	加拿大不列颠哥伦比亚省自然资源部
Evan Sergeant	澳大利亚兽医局动物卫生处
Craig Stephen	加拿大不列颠哥伦比亚省海洋卫生中心
Tyler Stitt	加拿大不列颠哥伦比亚省海洋卫生中心
Catherine Soos	加拿大环境部
Sarah M. Tomlinson	美国农业部/动植物卫生检验署/兽医局/国家动物卫生实验室网络
Karen Trévennec	法国蒙彼利埃国际农业研究中心/动物卫生与风险综合管理部科研组

Julie Wallin	美国农业部/动植物卫生检验署/兽医局/流行病学与动物卫生中心
Agnès Waret-Szkuta	法国蒙彼利埃国际农业研究中心/动物卫生与风险综合管理部科研组
Wolf Weber	美国农业部/动植物卫生检疫署/兽医局/流行病学与动物卫生中心
Gary Wobeser	加拿大萨斯喀彻温大学

缩略语

CIRAD/AGIRs

法国蒙彼利埃国际农业研究中心/动物卫生与风险综合管理部

OIE

世界动物卫生组织

USDA/APHIS/VS/CEAH

美国农业部/动植物卫生检验署/兽医局/流行病学与动物卫生中心

USDA/APHIS/VS/NCAHEM

美国农业部/动植物卫生检验署/兽医局/国家动物卫生应急管理中心

USDA/APHIS/VS/NAHLN

美国农业部/动植物卫生检验署/兽医局/动物卫生实验室网络

目录

《OIE出版物系列丛书》总序

序言

致谢

缩略语

1 绪论 ··· 1

   1.1 本指南的制订背景和目标 ················ 1

   1.2 监测工作的重要性 ····················· 1

   1.3 主要定义和标准 ······················· 2

2 监测系统设计和实施的重要组成部分 ········· 4

   2.1 引言 ································· 4

   2.2 动物卫生或公共卫生项目中监测计划的目的和目标 ··· 5

   2.3 监测工作利益相关方和责任方及其作用 ······ 7

   2.4 疫病或状况的性质 ···················· 10

   2.5 监测的预期产出和结果 ················ 11

   2.6 现有方法和工具的选择 ················ 11

   2.7 数据来源的使用规划 ·················· 13

   2.8 目标群数据 ························· 13

   2.9 抽样策略 ··························· 15

   2.10 数据处理和分析 ···················· 16

   2.11 调查程序 ·························· 17

   2.12 信息交流、报告与分享 ··············· 17

   2.13 衡量规划绩效 ······················ 19

   2.14 监测系统实施重点、时效性和内部沟通 ····· 19

   2.15 成本效用与资金 ···················· 20

3 监测系统绩效的评估 ······················ 21

   3.1 引言 ······························ 21

3.2 评估的构架 ……………………………………………… 21

3.3 质量属性 …………………………………………………… 25

3.4 成本和成本效用 ………………………………………… 37

3.5 兽医机构评估：《OIE兽医机构效能评估工具》………… 40

4 数据来源 …………………………………………………… **42**

4.1 数据收集人员 …………………………………………… 42

4.2 收集和获得监测数据 …………………………………… 43

4.3 在数据方面需注意的事项 ……………………………… 49

4.4 数据来源 ………………………………………………… 51

5 工具和应用 ……………………………………………… **74**

5.1 监测策略的应用 ………………………………………… 74

5.2 经典工具 ………………………………………………… 79

5.3 交流、报告和信息共享 ………………………………… 107

5.4 优化监测系统的工具 …………………………………… 108

附录 术语定义………………………………………………… **117**

1 绪论

1.1 本指南的制订背景和目标

本指南旨在针对影响畜禽和野生动物的疫病、感染和残留，合理设计、实施和评估动物卫生监测系统，同时为决策者提供可靠信息。本指南主要供国家级兽医机构（Veterinary Services）使用，其他使用者也可通过了解信息获取渠道和使用方式而从中受益。

本指南是应OIE成员要求而编写的实用说明性资料，可帮助成员更好地遵循OIE关于动物卫生监测的国际标准。本指南主要参考了以下文件中的监测原则：①《OIE陆生动物卫生法典》，尤其是第1.4章；②《OIE陆生动物诊断试验与疫苗手册》关于需进行特定诊断试验（规定试验）的特定疫病检测方法章节。因此，阅读本指南中的信息和实例应参照现行国际标准。本指南不能取代关于动物卫生监测和兽医流行病学等方面的现有教科书。大多数国家都在实施疫病监测，在一个目标明确、覆盖面较广的综合性框架下进行疫病监测规划，这将提高监测工作的附加值。

本指南侧重于帮助成员根据既定目标，对其现行监测系统开展结构性分析，以改善其监测系统的有效性。这一点也反映在章节编排上，本指南将首先讨论如何评估现行监测系统，然后介绍建立此类系统的工具和方法。

1.2 监测工作的重要性

动物卫生监测是兽医机构的一项基本工作，对于发现疫病和监测疫病趋势不可或缺。监测是一种控制流行性疫病和外来疫病的工具，为证明无疫、无感染和无残留提供支持，针对在贸易决策中为保障动物和人类卫生安全所进行的风险分析，提供相应的数据支持，评估疫病造成的经济损失，为动物和动物产品的国际贸易提供所需数据，为卫生措施提供依据。

近年来，随着动物和动物产品国际贸易的增长，国际疫病通报的重要性日益凸显。此类通报应基于合理而全面的疫病监测。鉴于流行性疫病（有时为人兽共患病）在世界各地的畜禽和野生动物之间传播，所以需全面了解动物疫病的发生情况，而只有在世界范围内进行有效监测，才有可能掌握这些信息。

监测系统通常有多个组成部分，例如，各种不同的专项监测及相关配套活动，以满足国家制订的动物卫生目标，保证敏感性、特异性和时效性达到可接受的水平。

监测系统应能发现并适用于新发疫病。整个系统不宜过于复杂，各利益相关方应具有主人翁意识，应侧重于以合理的成本将风险控制在可接受的水平，而非一味追求严格定义的方法。

此外，OIE的主要工作在于汇总和发布全球疫病相关事件。为保证OIE能够提供准确可靠的信息，所有成员的兽医机构必须按照既定基本原则，推动疫病监视工作达到高标准和高覆盖率。相关基本原则详见《OIE陆生动物卫生法典》第3.1章。评估监测工作可使用本指南第3.5节介绍的《OIE兽医机构效能评估工具》。

一个动物疫病监测系统可以很简单，仅上报法定通报疫病的临诊症状，但也可以是由不同部分组成的一整套复杂系统，包括为提高养殖者或动物保护官员的意识而开展的宣传活动、实验室诊断方法、信息技术支持系统等。大多数OIE成员的监测系统以传统的被动监测为主，许多国家还增加了主动监测的环节。通常需考虑由不同来源提供的信息，每种来源在有效性、全面性和可获得性方面都具有自身特点。因此，综合来自不同信息源的证据也是许多监测系统的一个组成部分。

对于监测系统生成的信息应可通过适当行动，加深有关人员对动物卫生状况和贸易的了解，提高动物卫生管理水平，促进贸易往来。换言之，动物疫病监测可为计划、实施、管理疫病控制和根除方案提供必要的信息。

1.3　主要定义和标准

OIE已出版《水生动物卫生监测手册》，因此本指南主要针对陆生动物，包括畜禽和野生动物（鸟类、蜂类和哺乳类）。技术术语的定义详见附录。

被动监测是监测动物疫病最常使用的方法，兽医机构通过生产者、基层兽医、屠宰厂检疫机构或诊断实验室提交的报告，了解疫病发生情况。被动监测是所有OIE成员动物卫生监测系统的基石，一般均被纳入规范兽医机构工作的国家法律中。

被动监测是最有可能发现新疫病或新发疫病的监测方法（见第4.2.4节），也最有可能发现蓄意引入的疫病（生物恐怖主义）。

此外，大多数监测系统均或多或少地包含主动监测的元素。应针对哪些疫病进行主动监测视兽医机构确立的需优先防治病种而定，纳入主动监测的疫病及其标准因国家和地区而异，纳入标准主要依据疫病对公共卫生的潜在影响，如人兽共患病、严重影响生产或生物多样性的疫病、可制约国际贸易的疫病等。官方兽医机构的作用是协同公共卫生、野生动物领域和各利益相关方，确定需优先防治的疫病，利用有限的资金来尽可能满足对疫病信息的需求。

2 监测系统设计和实施的重要组成部分

2.1 引言

所有监测系统均需确保其有效性，并能根据监测系统提供的结果采取相应的干预措施。在制订监测计划初期应考虑到这些方面，并在后续的监测系统评估中进行评估（文本框2.1）。应有书面的监测系统计划，且明确说明系统的各个组成部分。

文本框2.1

监测计划（surveillance plan）是描述监测系统的文件。在制订监测计划初期，需考虑参与人员、计划内容等。计划负责人在成立编制组之前，应考虑以下内容，并由编制组在编制计划时进行讨论：

1. **监测计划的目的（purpose）**

需要制订监测计划的原因，该计划的使用者及使用方式。监测计划的目的有别于监测系统的目的。

2. **监测计划的范围（scope）**

主要描述监测计划中应包括的内容，以便编制组就最终计划将涵盖的内容以及预期的精细程度达成共识。

3. **监测计划的目标受众（audience）及最终的阅读者和使用者**

例如，监测计划可能为直接或间接参与监测的技术人员而制订，或为政府或行业决策者而制订。

4. **监测信息的使用者（customer）及其如何从监测中获益**

很多不同的利益相关方均可从监测信息中获益。制订监测计划时，需明确利益相关方，并确定其如何为监测系统的设计提供帮助。

5. **监测计划编制组成员及各自的作用和责任**

需考虑编制工作所需的技术、知识和经验，以及如何将主要利益相关方和决策者吸收到技术团队中。应规定每位成员的主要责任，以明确每个部分的撰写人和整个进度的管理者。

---

6. 确定监测计划所需的背景资料（background）和支持性信息（supporting information）

可包括有关疫病、法律法规、国家行政报告体系（包括权力和职责）、当前和历史监测工作等方面的信息，以及风险或经济评估、提供关键基线数据的研究或普查、证明制订监测计划必要性的文件等。

监测计划需明确描述以下内容：

- 监测系统的目的和目标；
- 政府、行业、生产者和其他利益相关方的作用；
- 监测工作的范围和特征；
- 监测工作的预期最终产出；
- 生产者、行业、决策者或其他官方部门使用监测信息的方式；
- 监测系统的评估标准。

在设计初期即应确定监测系统的评估标准（见第3章），这将确保监测系统的有效实施，并能向支持机构、合作伙伴和利益相关方证明其实用性和效力。可针对制定监测策略时确定的效能指标开展持续评估，也可由独立专家定期（每年一次为佳）进行外部评估。

为保持其有效性，监测系统应能适应各种变化，如：

- 数据使用者需求的变化；
- 监测系统目标的变化；
- 新的研究结果、诊断方法、治疗或控制程序；
- 在流行率、立法、国际贸易要求、全球市场力量、生产者或公众态度等方面的显著变化。

基于这些原因，需根据评估情况，定期和及时更新监测计划。

在制订监测计划的初期阶段，工作一般比较艰难，但如能按部就班地进行（图2.1），则可制订出完善的监测计划。尽管不同监测系统的目标和范围各不相同，但在制订监测计划的过程中，需考虑若干相同的问题（文本框2.2）。尽早考虑这些问题有助于明确所需的专业技术，从而选择合适的编制组成员，顺利开展编写工作。

下面主要讨论制定监测计划时需考虑的细节，并提供了一般性框架。

2.2　动物卫生或公共卫生项目中监测计划的目的和目标

监测计划中需明确描述监测的目的（purpose）和目标（objectives），以确定监测系统中应采取的措施和预期结果。这通常是一个反复循环的进程：

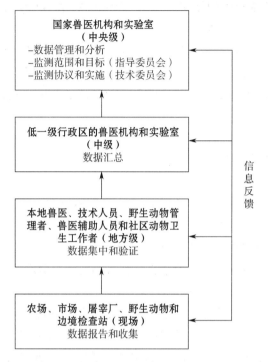

图2.1　监测系统的工作流程和参与者

（改编自Dufour和Hendrikx）

- 确定目的和目标；
- 明确为达到目的和目标而需采取的措施；
- 检查每项措施是否真正适用于既定目的和目标；
- 如果采取的措施不符合监测目的，则可：
  - 取消该措施，因其不是监测系统的有效部分；
  - 或修订目的与目标。

确定目的与目标也为日后评估监测系统建立了参考框架。

监测目的应描述开展监测的原因和预期结果。特定的监测目标则比较具体，可通过收集和分析数据来完成，以最终实现监测目的。此外，这些数据和分析也可用于确定行动措施。为此，需在确立目的和目标时，指明每项目标如何有助于实现监测目的。

动物卫生监测系统的常见目标包括：

- 发现新疫病或感染；
- 发现外来疫病或感染；

- 判定某疫病对经济、社会和环境的影响；
- 评估疫病控制项目的有效性；
- 评估某一群体的卫生状况，包括收集基线数据；
- 确定疫病控制和预防措施的优先级；
- 为规划和开展研究项目并确定项目优先级提供信息；
- 描述危害、暴露及卫生状况的趋势；
- 证实无特定疫病或感染的状态。

如监测系统有多个目标，则应确定并证明这些目标的相对优先级。优先级的制定标准包括对生产和贸易的影响、动物福利、防控可行性、监测成本以及对公共卫生的影响。监测系统在执行方式上需体现出这些优先级。

文本框2.2展示了一个监测系统目的和目标的范例。

文本框2.2

动物卫生监测系统目的和目标范例：

监测系统的主要**目的**是提供成本效益信息，以评估和管理与下述内容相关的风险：

- 规避可预防的疫病风险；
- 动物及动物产品贸易（国内和国际）；
- 动物生产效率；
- 公共卫生；
- 生物多样性风险。

监测的**目标**是：

- 快速检测新发和外来传染性疫病；
- 为国内外动物与动物产品贸易提供无疫证明；
- 准确描述与疫病控制和动物及动物产品国内外贸易有关的疫病分布和发生情况；
- 评估选定疫病和病原的控制或成功根除情况。

2.3　监测工作利益相关方和责任方及其作用

监测是一项多方参与的团队工作。除不同参与者外，还包括潜在的监测信息使用者，如加工业、消费者以及其他与公共卫生、野生动物管理、经济政策和贸易有关的政府部门等。必须清楚地了解不同利益相关方的需求和作用。首席兽医官和兽医机构往往发挥主导作用，负责规划和协调监测策略。

为确保监测系统切实有效，许多利益相关方可能需参与监测系统的日程制订及实施。表2.1中列举了在典型的监测系统中，主要利益相关者群体及其可能发挥的作用。监测系统设计团队应根据当地实际情况构建此表格。

文本框2.3中列出决策者（decision-makers）和利益相关方（stakeholders）在设计监测系统时需考虑的主要问题。为保障监测系统的长期可持续性，必须将其建立在广泛和包容的对话基础上，以确保监测系统符合各利益相关方的需求。

表2.1　监测系统的主要利益相关方及其潜在作用

利益相关方	数据提供方	受益方	分析和知识管理方	决策方	响应方
畜主					
生产者协会					
产品消费者					
公众					
媒体					
食品加工业					
当地市场参与者					
超市和零售商					
出口商					
兽医现场服务机构					
兽医流行病学机构					
兽医诊断机构					
兽医管理机构					
兽医对外沟通机构					
野生动物管理机构					
从事野生动物保护的非政府组织					
狩猎组织					
公共卫生机构					
国家安全机构					
研究机构					

（续）

利益相关方	数据提供方	受益方	分析和知识管理方	决策方	响应方
教育和培训组织					
政治领导人					
私营兽医					
制药业					
贸易合作伙伴					
发展合作伙伴					
世界动物卫生组织					
区域组织					
其他国际组织					

文本框2.3

监测系统设计主要问题列表：
- 监测系统的目的和目标是什么？
- 谁是监测系统的利益相关方？
- 谁应参与监测系统设计？
- 监测系统需发现哪些疫病、病原、状况或其他动物卫生事件？
  - 监测系统需发现的动物卫生事件的病例定义是什么？
- 目标群体和研究群体是什么？
- 监测系统有哪些主要组成部分？应采取哪些方法？
  - 被动报告？
  - 主动报告？
    - 血清学监测？
    - 病原体筛检？
  - 野生动物监测？
- 将采取什么策略？
  - 基于风险的监测？
  - 随机调查？
  - 症状监测？
- 组织结构和报告路径是什么？
- 如何组织和分析数据？

> – 为实现监测系统的目标，需要对数据提供者和管理者进行哪些培训？
> – 如何应用结果？
> – 如何交流结果？
> – 如何衡量监测系统的绩效？
> – 监测系统的资金来源？

2.4 疫病或状况的性质

监测计划中应清晰地描述作为监测主要对象的疫病或状况，以保证利益相关方准确了解研究对象以及需对哪些动物收集数据和采集样本。文本框2.4中列出可能需考虑的基本疫病信息类型。

文本框2.4

为清楚地描述需监测的疫病或状况，监测计划需包含以下信息：

– 致病因素
  - 病因类型（如毒素、化学物质、病毒、细菌或真菌等）
  - 病因的基本理化特性
  - 传染性病原体的分类信息
– 疫病常用名
– 临诊症状
– 检测和诊断方法选项（包括症状、可用的检测方法、流行病学指标、间接指标等，这些均可用作监测的基础）
– 病理学特征
– 抗体滴度或残留水平
– 病例定义
– 流行病学模式（如地理分布、季节性、年龄及种间分布等）
– 风险因素（可能有助于基于风险的监测）
– 经济影响
– 疫病管理或控制方法

根据疫病情况和监测目标，可以不同方式应用以上信息。例如，抗体滴度可用于反映感染情况或评估免疫效果，临诊信息可用于建立较笼统的

病例定义以寻找可疑病例，并应用诊断技术进一步确诊。病例定义取决于监测系统所要求的敏感性和特异性，侧重于敏感性而非特异性的监测系统需要比较广义的病例定义（如所有具有呼吸窘迫症状的动物），而要求特异性高的监测系统则需相对狭义的病例定义，以限制被视为病例的动物（如经公认检测方法确诊的所有具有呼吸窘迫症状且未免疫的牛）。可影响病例定义的因素还包括监测目的（如记录地方流行病的发生趋势、发现外来疫病等）和实际状况（如暴发的早期阶段、病原体根除记录等）。因此，可根据监测目的的变化调整病例定义（见第5.1.1节）。

2.5 监测的预期产出和结果

监测计划应明确指出监测系统的预期产出（output）和结果（outcome），并描述最终产品（product），包括基于监测的决策和行动。预期结果应明确描述将采取的行动和获得的结果。

监测系统的**常见预期产出**包括：

– 数据；
– 报告；
– 图表。

常见预期结果包括进行监测时需采取的行动：

– 检测新疫病；
– 估量流行率、空间分布或影响的重大变化；
– 在设定的监测阈值内证明不存在某种疫病；
– 表明有必要改变政策和机构决策；
– 表明有必要改变行业惯例，如针对地方性流行病或非传染性因素的控制策略；
– 表明有必要改变生物安全措施（如围墙、隔离室等）。

预期结果应与监测系统的目标相一致。监测系统管理者应将实现预期结果视为优先考虑的事项。与目的和目标一样，预期结果也构成监测系统评估的基础。

2.6 现有方法和工具的选择

目前被广泛接受的监测方法和工具有很多，必须对其充分了解并合理使用，以达到监测目标和目的（图2.2和文本框2.5）。监测计划中也应明确描述选定的方法和工具，包括其基本假设和局限性。相关信息详见第5章。

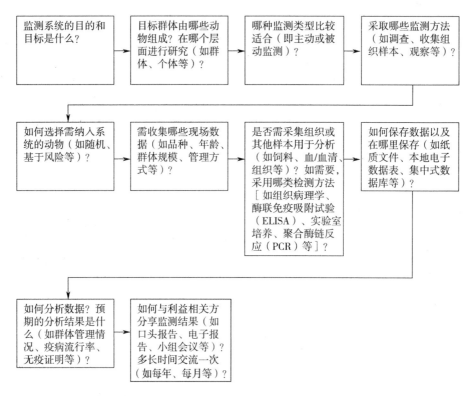

图2.2　鉴于可用方法和工具数量众多，有时会难以做出选择。确定适当的方法和工具通常需提出一系列问题，并确定哪些方法或工具能够提供这些问题的解决方案，并最终实现监测系统的目标

文本框2.5

评估可用方法和工具时需考虑的问题：

- 监测目的和目标是什么？

- 达到监测目的和目标所需的敏感性水平？

- 预期的目标群体是什么？合适的研究群体是什么？监测是覆盖整个群体，还是针对某一特定亚群？

- 哪些现有分析方法和工具能有效证明实现了目标？

- 需复杂还是简单的方法？

- 在一些限制条件下，能否对目标群体进行充分抽样？限制条件包括地理屏障、对目标群体的分布情况缺乏了解、对管理方式缺乏了解，导致无法全面掌握群体的情况（如在屠宰厂采样时，不了解目标群体在农场私自宰杀和官方机构屠宰的比例）等；

- 可使用哪些数据收集和管理方法？是否足以实现监测系统的

目标?

- 为实现监测目标而进行数据分析需记录并包含哪些数据（及其详细程度）？

- 需要哪些可用资源？在资源有限的情况下，可完成哪些工作？能否获得可接受的结果以达到监测目标？

- 是否拥有可实施这些方法的人力资源？人员是否具备必要的技术和管理技能？是否需要培训？能否满足这些培训需求？

- 实验室的基础设施和能力是否足以实施提出的策略？是需要提高能力还是考虑换一种方法？

- 现有的政府管理架构是什么？这个问题涉及谁真正有权决定参与机制；

- 现有的监管框架是否允许实施监测？

- 影响主要相关者参与的激励因素和抑制因素分别是什么？

2.7 数据来源的使用规划

监测系统收集的数据可来自各级机构和组织，包括公众、生产者、兽医院、兽医诊断实验室、动物和公共卫生机构、野生动物管理机构、从事动物保护的非政府组织和狩猎组织、行业和专业组织、畜禽市场、屠宰厂、动物化制厂等。此外，还有商业报告、普查数据、航拍图像等间接来源。可为动物个体或组群水平的数据，或涉及某一区域或亚群的数据。常用数据类型包括临诊诊断、临诊表征和症状、实验室检测结果、生产数据和其他统计信息等。这些信息可有多种形式，包括口头（如与生产者通电话或向当地动物卫生官员咨询）、书面（如实验室纸质报告）、电子或数字记录（如实验室信息管理系统）等。监测系统数据的来源、水平、类型和形式取决于多种因素，包括监测所针对的疫病或状况、监测目的和目标、可用资源等。需明确掌握重要数据的特性，包括所获信息的性质和类型、数据的可用性、机密性和敏感性及其使用（包括优势和局限性）等。监测计划还需说明数据分析中可能包含的其他因素（如收集数据时产生的偏倚），以及如何在分析中考虑这些因素。关于监测计划的数据来源将在第4章进一步讨论。

2.8 目标群数据

监测计划和报告中需明确定义被监测的群体（文本框2.6）。对群体的描述应界定监测系统的范围（国家、区域、本地或邻近地区等）。目标群体（target population）是处于风险中的群体，可通过监测数据得出一定结论。研究群体（study population）是用于收集信息和样本的群体，通常是目标群体的一部分（但有时不是），需准确识别和定义（文本框2.7）。如研究群体有别于目标群体，需在监测计划中说明所得推论的合理性。研究群体有时可能是目标群体中的一个亚群，并仅限于具有某些特点的抽样单元（如动物、畜群或养殖场），这些特点与风险较高的疫病或状况有关。野生动物的群体数据通常是采用多种技术得出的估计值。野生动物群体的研究单位可根据自然或生态屏障划定，也可按照定栖或迁移群体界定。

文本框2.6

在描述目标群体和研究群体时可能会用到的参数：
目标群体（处于风险中的群体）：
　－ 群体规模（每个区域或国家内的动物数量或群体数量）
研究群体（目标群体中的亚群）：
　－ 群体规模（每个区域或国家内的动物数量或群体数量）
　－ 目标群体：
　　－ 特定疫病的变化
　　－ 群体规模估计值
观察单位：
　－ 如动物个体、畜群等
　－ 地理或其他空间度量（如每平方千米畜群数量、是否靠近水域及其他重要的地理特征）
行政或政治单位：
　－ 如地区、国家、地带、村庄、邻近区域、养殖场等
动物信息：
　－ 物种
　－ 品种
　－ 年龄段
　－ 性别
　－ 生产阶段
　－ 饲养或管理方式（如定栖、游牧等）

风险因素：
- 可能影响监测数据解读的群体风险因素，如混杂因素（confounders）
- 统计分析所需的其他风险因素，如效应修正因子（effect modifiers）

文本框2.7

应根据监测目标选择研究群体。例如，如监测目标是发现病例，则应选择基于风险的方法，提高发现病例的概率，同时应把高风险的（目标）群体作为研究群体。如监测系统的目标是估计流行率或疫病的影响，则应选择具有代表性的研究群体，以便使研究结果有效地反映出更广泛群体的状况。

如研究群体就是目标群体，则应在监测计划中，使用特定疫病或症状特征予以明确定义，例如，针对牛副结核进行风险监测时，目标群体可定义为"体况消瘦或出现腹泻的2岁以上奶牛"。由于监测系统在目标群体分析中会产生偏倚，在依据目标群体进行推断时，需在监测计划中就所做推断进行论证。

2.9 抽样策略

抽样（sampling）方法取决于监测系统的目的和目标。对于某些监测系统，关于临诊病例的口头报告就是一种可满足监测系统需要的"抽样"方法。对于其他监测系统，抽样可能是指随机或非随机地选择采样点，以获得其卫生档案或其他生产数据。兽医流行病学教材中描述了很多抽样方法，本指南第5章也介绍了一些常用方法。

选择适当的抽样方法主要取决于疫病的流行病学特征，包括所关注地区的疫病状况（如已知）、监测系统的目的和目标、目标群体或研究群体等。此外，还需考虑资源的可利用性、实施的可行性等因素。应明确说明抽样方法，以确保抽样工作顺利进行，采集到合适样本，进行恰当的数据分析，得出准确结论（文本框2.8）。在采用基于风险的方法时，应明确描述目标风险因素的选择过程、用于目标抽样的风险因素选择方法以及这个过程带来的预期偏倚。

文本框2.8

确定和描述用于监测系统的抽样方法时需考虑的事项。需考虑监测目标，并清楚地认识到每种抽样策略的优缺点。

- 监测类型（如主动或被动）
- 抽样方法
  - 流行病学方法（如简单随机、整群、分层、方便、普查等）
  - 抽样量
  - 随机和分层的方法
  - 可保证结果的方法：无空间偏倚的地域代表性、恰当的抽样水平、可确保分析时共性信息正确的测量方法等
  - 检测水平（阈值）、统计学置信水平、抽样的诊断敏感性、预测值等
  - 关于数据收集的方法、触发、频率以及如何将现场或实验室数据传递给项目管理者或协调者等信息
  - 与其他抽样方法进行比较
  - 选定某一（些）方法的理由
- 结果变量
- 风险因素
- 抽样单位的地理范围和地理空间描述（例如，在400千米^{2}的区域里随机选择30个1千米^{2}区域，随后在这些1千米^{2}区域内随机选择2个样本）
- 抽样的时间间隔和频率
- 生物样本和数据收集方法
  - 如屠宰厂采集血样、问卷调查，临诊观察等
  - 适当的样本收集和处理方案、冷链措施及监管链方案（如有必要）
  - 可能对监测工作至关重要的样本失效因素
- 潜在偏倚的来源和分析的局限性
- 数据的敏感性和机密性问题
- 适用法规

2.10 数据处理和分析

监测计划应描述数据汇总、分析和解读的方法。此外，应在报告和描

述中明确说明分析和解读的过程。应在样本采集前确定预期产出。大多数分析都需要一般性信息，包括平均数（means）、中位数（medians）、众数（modes）、标准差（standard deviations）等常规描述性统计学（descriptive statistics）信息，以及流行率（prevalence）、发病率（incidence）、采样持续时间（sampling duration）等常规流行病学信息。

以下是在数据处理和分析中可能包含的信息示例：

– 科学、合理且详尽的数据分析与解读计划，并与监测系统的目的、目标及预期产出相一致；
– 分析方法讨论采用动物卫生官员和利益相关方能够理解的术语；
– 根据数据来源、抽样方法以及数据类型和质量而确定的适当、可行的数据分析方法；
– 固有偏倚、混杂因素、缺失记录和抽样量不同等问题的处理方法；
– 纳入可支持监测系统的历史数据；
– 分析时结合来自各种数据源的信息，以实现监测目标。

2.11　调查程序

监测计划应规定对疑似和确诊病例报告需采取的行动。此外，可能需调查其他类型的动物卫生事件，如免疫覆盖不足、检测到残留等。应根据疫病或状况及其流行病学特征和受影响的群体，选择适当的调查程序，可包括：

– 兽医机构官员访问相关养殖场、地区或园区；
– 启动追踪调查；
– 感染动物现场剖检，或将胴体移交兽医病理学家进行剖检；
– 采集血样与适合的组织样本，移交给经批准并参与监测的兽医诊断实验室进行诊断；
– 对感染动物或群体周围特定范围内的家养和野生动物个体或群体进行调查；
– 养殖场隔离检疫；
– 限制流动或狩猎；
– 清理和消毒；
– 免疫。

这些程序应由兽医机构记录，并列在监测计划中。

2.12　信息交流、报告与分享

一个监测周期以把从收集并处理数据得到的信息发送给用户，并且将有针对性的信息提供给特定的利益相关方而告终。监测系统只有在提供了可影响决策和行动的信息时才算完整。因此，传播监测信息是监测系统的一个关键组成部分。文本框2.9列出了信息交流、报告和分享的目标。

文本框2.9

信息传播的目标包括：

- 向现场人员、生产者和其他数据提供者及时提供有用的信息，助其实现各自的目标；
- 向现场人员提供可满足其需求的信息，并为其工作带来附加值；
- 向生产者提供可满足其需求的信息，并为其工作带来附加值；
- 向现场人员提供关于其同行的工作信息；
- 在参与者之间建立沟通网络；
- 向决策者提供可直接用于决策的明确信息；
- 向贸易伙伴证明监测项目及时有效并产生实际结果；
- 建立贸易伙伴对动物及动物产品出口认证的信心。

描述监测计划及其产出时，应指明目标读者，以及与每类读者的沟通方式（文本框2.10）和报告频率。目标读者可包括监测信息负责人、兽医机构决策者和行业团体。为获得最大收益需认真规划，以获得有针对性的信息和报告。必须考虑在分析和解读的不同阶段，报告可能产生的影响和后果，以及报告延迟会造成的影响。将在本指南第5章进一步讨论信息交流、报告和分享等主题。

文本框2.10

信息传播模式实例：
报告（进展和结论）

- 内部报告
- 外部报告
- 公告
- 科技报告
- 在专业协会、行业团体、生产者协会、动物卫生官员或贸易伙伴会议上的报告

>   – 决策者简报
> **传播方式**
>   – 信函
>   – 电子邮件（直接发送给个人，或发送到服务器，如新发传染病监测项目 ProMED）
>   – 传真
>   – 私营网站
>   – 公共网站
>   – 社会网络
>   – 视频

2.13　衡量规划绩效

衡量绩效（performance）应是监测系统的一部分，用于衡量系统的有效性（见第3章），应与监测系统的目标、产出及预期结果保持一致。在理想情况下，还可衡量预期结果的实现程度。衡量方法应可量化，并可用于更好地计算当前和未来预算需求，还可随时间推移进行修订，以满足监测系统的需要或适应技术革新。

衡量绩效实例如下：

– 在某一特定年份，实验室接收的样本数量（与事先设定为充足的数量值相比较）；

– 实验室收到保存状态良好的样本比例；

– 附有相应资料的样本比例（参考监测计划或实施方案中的要求）；

– 在监测计划或实施方案规定的时间内，完成实验室分析的样本比例；

– 在某一特定年份，监测系统生成的报告数（与该年预期报告数比较）。

2.14　监测系统实施重点、时效性和内部沟通

监测计划中应规定监测系统的重点工作和执行各项任务的时间表，以及促进内部交流具体信息。

监测计划责任方应制订适当的标准化文件，用于内部沟通，包括疫病资料单、监测系统培训手册、记录和汇报表格等。此外，应制订内部交流计划，以确保所有责任方都了解监测程序、沟通途径、实施步骤和时限。

从监测计划编制之初到最后实施阶段，均应与信息技术专家在数据管理方面保持沟通，这一点对于监测系统的顺利实施至关重要。在开展监测工作前，应完成与监测系统各部分有关的培训，包括数据收集、数据录入、文件编制、样本的采集、运送和处理等。

野生动物疫病监测通常涉及各类物种和病原，并牵涉不同参与者、利益相关方和非专业的数据提供者。成功的监测方案应能整合和利用多种数据，并向所有参与者定期提供反馈。

2.15 成本效用与资金

成本和成本效用在决定监测系统的适宜性、可行性以及是否切合实际等方面具有重要作用。设计和实施监测系统时，需在众多可使用的方法中选择最适当的方法，这通常比较困难。借助成本效用分析，监测计划编制组可根据监测系统生成的信息价值，优化相关支出。仔细确认决策所需的关键信息通常能避免不必要的开支。生成过多不必要的数据是限制监测系统持续运作的因素之一。收集的每一数据均应具有一定价值，否则就不应收集。有时事后才发现忽略了某些必要数据，应尽量避免。

选择监测方法应因地制宜。比如，一种方法在发达国家可能具有很高的成本效用，但在拥有大规模生产系统、市场不规范的发展中国家，可能会效率低下。因此，成本效用分析必须适合实施监测的环境。

在制订计划的整个过程中，都需考虑设计、实施和维持监测系统所需的资源。可纳入预算的有：人员、租金、资本购买、数据库管理、诊断试验用品、补偿金、材料和样本的邮寄费或运输费、其他用品、车辆、燃料、清洗消毒费用、报告印刷费用、培训需求、培训教材及其他信息资料。预算中应包含任何适当的官方或非官方资助，以支持监测系统内的国家或地方机构，还必须保证能在未来持续提供经费。

在监测计划的制订过程中，还应审查监测系统的成本效用（即监测的预期收益和成本）。尽管这项工作尚未普及，但收集的信息可能对监测措施的可接受性产生重要影响，同时有助于确保监测系统的有效实施。

应定期审查预算信息，以保证预算与监测系统的目的、目标和产出相一致。

3 监测系统绩效的评估

3.1 引言

评估（evaluation）是一个建设性的学习过程，旨在从以往的监测工作中吸取经验教训，提升未来监控工作的成效和监测系统性能。精心设计监测系统是为了达到明确的目的和实现一系列目标。监测系统通常包括随时间而不断变化的多项工作，且可能缺少统一的策略。对监测系统进行全面评估将评估该系统既定目标的适用性及其达到目标的程度。评估后将提出一系列建议，作为提升监测系统性能的路线图。评估结论如表明应更新目标，则应就如何建立和实现新目标提出合理建议。

评估包括系统地收集和审查该监测系统相关信息。监测系统设计理应包含监测目的、目标、预设监测标准、过程和绩效指标、各种获批的经费以及明确的评估间隔时间等。如果缺少以上各项要素，评估则应补充相应参数来完善系统，并将该过程作为评估的一个步骤记录在案。

通过评估来明确监测系统的优点和不足之处，评估结论有助于改进、协调监测系统及其一体化，同时有助于了解监测系统如何实现既定目标。

3.2 评估的构架

监测系统评估应具有系统性、透明性、（资历不同的人员进行评估时）可重复性。评估的构架是有序开展评估的关键所在。以下是关于评估构架的建议：

- 阐述评估项目及其目标
- 描述监测系统
- 确定需评估的利益相关方
- 评估方法
- 评估结果及其交流计划
- 结论和建议

评估报告应以解决问题为导向，提出实施评估结论的行动计划，并对交流和传播评估结论加以指导。富有实效的评估应为各利益相关方更有效地实现目标提供一个路线图。

3.2.1　阐述评估目标

监测系统绩效评估的第一个步骤就是清晰地阐述评估的目标和任务。这一步应在启动评估前完成，包括征求监测利益相关方的意见，以及评估完成后如何及时反馈给利益相关方。根据需求，评估的目标各有不同（文本框3.1），目标包括：评估监测目标与利益相关方的需求是否相符，提高现有系统的质量（即提高疫病检测的敏感性和代表性）和成本效用，找出现有系统的不足之处，对不同监测系统进行比较以促进贸易发展或监测工作规范化等。

文本框3.1

　　监测系统绩效评估目标的示例：

- 复审监测系统目标的针对性；
- 找出为达到监测系统目标需改进的方面；
- 加强目前监测工作的一体化水平；
- 修改现有监测系统以实现新的监测目标；
- 确定监测系统是否具有成本效用；
- 比较国家内和国家间的监测系统以评估等效性，以促进国际贸易发展；
- 比较一个国家不同的省、地区、市镇之内或之间的监测系统，以促进国家内监测工作的标准化或一体化。

3.2.2　描述监测系统

监测系统评估的第二个步骤是对监测系统进行详细的描述。该系统如按第2章建议的指导原则而建立，则其预设架构已很清晰，且评估的框架也有章可循。评估小组应评估系统与预设架构的符合程度和绩效标准的适用性。如有合理依据，评估小组可建议替代标准以供参考。评估监测系统所需描述的要素见图3.1。

3.2.3　确定需评估的利益相关方

评估的构架应涵盖参与监测系统的所有利益相关方（见第1章）。这包括监测系统各组成部分的管理者和所有者，同时包括获得评估结论并采取相应行动的相关方，以及所有相关人员的联系方式。利益相关方还包括为监测工作提供经费、监管动物疫病、为系统提供数据以及使用监测数据的相关各方。确定非直接参与的利益相关方并请他们参与评估，可为改进监测系统提供有益的建议。

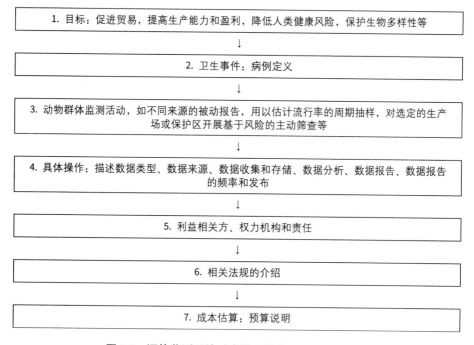

图3.1　评估监测系统时应描述的监测系统要素流程

3.2.4　评估方法

监测系统绩效评估方法的制订主要围绕以下四个问题（图3.2）：

（1）监测目的和目标是什么？是否适用？

第一步是了解监测系统明确的和隐含的目的和目标。这些目的和目标均需反映出动物卫生政策，并在该政策背景下进行评估。

（2）监测系统能产生哪些影响？

监测工作既有正面影响也有负面影响，这取决于如何开展工作。设计良好的监测系统会使利益相关方产生强烈的主人翁意识，有利于提高监测系统的透明度和交流功能，从而更有效地降低风险和控制疫病。设计不佳的监测系统会使信息共享受挫，理解受到扭曲，有效行动受到约束。这些都可能是监测数据及其评估存在偏倚的原因。与监测系统密切相关的人可能会基于各自的期望寻求预期效益，而忽视某些监测工作的非预期结果。

（3）监测选项是否是实现监测目标的最佳选择？

该问题旨在评估开展的监测工作是否最适合于在当地环境下实现既定

目标，还是应考虑开展其他监测工作。开展工作时是否选择了合适工具？这个问题用来平衡监测系统有效性与资源的有效利用。例如，如果目的是监测疫病的影响，是否有必要估算疫病流行率，而不是直接衡量疫病对生产者、价值链参与者或国家贸易的影响？另一个需要回答的问题可能是，基于屠宰和诊断检验结果的监测是否是发现口蹄疫的最适合方法，还是应该将临诊监测作为主要方法？用来解决这个问题的方法包括风险、路径和价值链分析，以及成本效率分析和成本效益分析等。将在本指南第5章进一步描述这些方法。

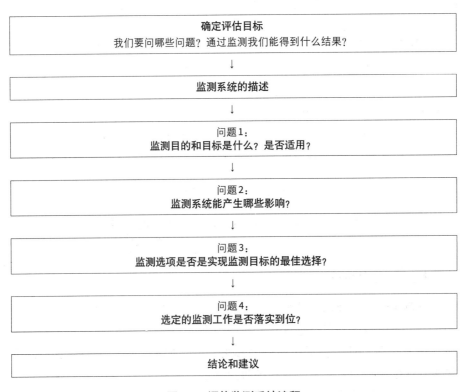

图3.2　评估监测系统流程

（4）选定的监测工作是否落实到位？

在某种程度上，这是审查监测系统是否与其描述相符。更重要的是，该审查工作包括为克服监测工作的实施困难而设计的诊断组件。如监测工作未能得到有效实施，评估应能找到更有效开展工作的措施。

回答以上问题可借助于一份有效监测系统的属性列表。定性（qualitative）和定量（quantitative）检测这些属性可作为评价指标（表3.1）。运作良好的监测系统的各项属性并非独立存在，而是以复杂的方式相互作用，应根据不同的监测目标确定最佳属性组合。评估时应重点关注整个监测系统的绩效，不同的监测工作应起到相互补充的作用。

可对这些属性进行定性和定量评估，而且这种评估方式尤其适用于直接比较不同的监测系统，比如对不同国家的监测系统进行等效性评估。将在第5章进一步阐述这些属性的评估方法。

特定效能检测的内部监视有助于监测系统的协调。例如，对监测工作实施过程中所识别的关键点进行相关指标的定期测量，将有助于协调员对改进该工作的实施进行跟踪。作为特定效能检测的例子，很值得对数据流不同步骤的延迟进行监视（如报告和样本采集之间的延迟、样本采样和实验室结果之间的延迟等）。

3.2.5 评估结果及其交流计划

应通过适当途径将评估结果提供给利益相关方，并应事先确定不同级别交流的轻重缓急。即使无定量指标，监测系统的评估仍有价值。本章概述的方法将帮助评估人员采用基于证据的结构化方法，以统一的方式将评估结果提供给决策者和利益相关者。

3.2.6 结论和建议

评估结论应基于对监测系统绩效证据的分析和解读。监测系统评估应提出纠正措施，并对是否继续、调整或停止监测工作提出建议。如建议继续进行监测，还应就完善和调整监测系统等提出建议。应慎重考虑任何关于停止监测工作的建议，在决策过程中还应权衡其他重要方面，如某国正式宣布的疫病状况或某疫病对公共卫生的影响。

3.3 质量属性

下文将详细阐述监测系统的各质量属性，作为评估指标时应如何检测，以及各属性对监测系统的影响。有关各质量属性的简要概述见表3.1。

表3.1 监测系统的各属性的定义、检测及其影响

章节	属性	定义	检测	对监测系统的影响
3.3.1	敏感性（Se）	监测系统正确归类阳性事件的能力	监测系统将阳性事件正确定义为阳性的比例	提高系统发现事件的能力
3.3.2	特异性（Sp）	监测系统正确归类阴性事件的能力	监测系统将阴性事件正确定义为阴性的比例	提高系统的阳性和阴性预测值（第3.3.2节中的定义），使其具有更高的效力和效率

（续）

章节	属性	定义	检测	对监测系统的影响
3.3.3	代表性	监测系统无偏倚地给出疫病真实状况的能力	应被包含到监测系统内的群体范围（无空间、时间和群间偏倚）	提高监测系统为决策制定提供准确、可靠信息的能力
3.3.4	时效性	监测系统在一定时间范围内提供信息以采取有效措施的能力	从事件发生到生成信息可采取有效措施之间所间隔的时间	提升系统的影响力
3.3.5	简易性	设计简单高效，不过于复杂化	每项内容的复杂程度	提高可参与性、成本效益和可持续性
3.3.6	灵活性	监测系统适应不断变化、新的或意外需求的能力	适应新需求的证据	使监测系统随着时间推移一直保持其适用性
3.3.7	实用性	监测系统支持有效行动且造成影响的能力	根据监测产出采取有效行动或决策的证据	对成本效用和可持续性具有重要影响
3.3.8	主人翁意识	利益相关方对监测系统的重视程度	利益相关方承担义务的证据	对监测系统的参与性、绩效和可持续性具有重要影响
3.3.9	可持续性	监测系统长期持续能力	内部持续给予利益相关方强有力支持的证据，以及无任何关键参与者受到严重阻碍的证据	使监测系统及其产出具有连续性和可信度

3.3.1　敏感性（Sensitivity，Se）

定义

监测系统在个体、群和整体层面探查并正确诊断疫病的能力。

检测

· **定量**：阳性事件被监测系统确定为阳性的比例。系统的敏感性取决于监测过程每个环节的敏感性，例如，农场主报告一例疑似病例的概率，以及该疑似病例是真阳性的概率（取决于检测方法的敏感性）。敏感性的定量检测需要一个独立的病例分类系统。

· **定性**：监测系统敏感性定性评估更多是通过分析影响敏感性的系统组成成分来实现（如病例纳入标准定义、监测方案设计等）。

影响

提高敏感性可增强监测系统发现疫病事件的能力。最佳敏感性水平是在系统发现疫病的能力与提高敏感性相关的效益与成本之间达到平衡。

敏感性不高的监测系统可用于趋势监测，如以此为目标，则敏感性仅需保持在一个合理水平即可。然而，随着控制计划的开展，疫病流行率越来越低，敏感性对于监测系统的重要性随之增加。

影响敏感性的因素

被动监测工作的敏感性会受发生以下可能（likelihood）情况的影响：

- 疫病的临诊症状被生产者或野生动物管理人员识别
- 生产者因动物出现某些疫病或非健康状况求助于兽医
- 诊断疫病取决于诊断者的技能和诊断试验的敏感性
- 诊断明确后，事件被上报到监测系统
- 信息将随报告链传递

信息提供者（生产者、价值链利益相关方和监测信息链人员）如认为控制措施对他们确有帮助，他们则更有可能主动报告疫病。如果疫病报告会引发不受欢迎的行动或不利的市场反应，会对参与者产生严重后果，则可能打击其提供信息的积极性。

3.3.2　特异性（Specificity，Sp）

定义

监测系统对阴性事件进行正确分类的能力。

检测

·**定量**：将所有事件中的阴性事件划分为阴性的比例（真阴性和假阳性）。

·**定性**：在大多数情况下，监测系统特异性的定性分析是通过分析对特异性有影响的因素（如病例定义、监测方案的设计、快速检测等现场诊断方法）来实现的。

影响

敏感性和特异性是评估监测系统绩效的基本参数。这些参数可评估真阳性和真阴性值，以及阳性和阴性预测值，见表3.2。

特异性也是监测系统质量的一个主要属性，提高特异性能使监测系统的绩效更好。

预测值（predictive value）取决于敏感性、特异性和监测时疫病流行率。阳性预测值（positive predictive value，PPV）是被划分为阳性的事件实际上是真阳性的概率。阴性预测值（negative predictive value，PPV）是被划分阴性的事件实际上是真阴性的概率。阳性预测值和阴性预测值分别随着诊断敏感性和特异性增加而升高，阳性预测值随着流行率的升高而升高，阴性预测值随着流行率的降低而升高。阳性预测值受特异性变化的影响大于受敏感性变化的影响，而阴性预测值更容易受敏感性变化的影响。

表3.2　阳性和阴性预测值

事件分类	真实状态		
	+	−	
+	真阳性（TP）	假阳性（FP）	阳性预测值+ （真阳性/"被划分为"阳性的事件）
−	假阴性（FN）	真阴性（TN）	阴性预测值− （真阴性/"被划分为"阴性的事件）
	敏感性 （真阳性/"真实的"阳性）	特异性 （真阴性/"真实的"阴性）	

确定敏感性和特异性之间的合理平衡

　　监测系统的敏感性和特异性水平通常视某时间点监测工作情况而定。例如，在某一常见疫病控制计划的早期阶段，高敏感性、低特异性的低成本监测系统已很理想。随着控制计划的开展，疫病病例变得稀少，同一监测系统就会造成很大的资源浪费。另一方面，在疫病根除计划的最后阶段，错过任何一个真阳性病例都可能造成严重的经济损失。

　　在公共卫生监测中，阳性预测值通常被视为一个主要的质量属性，因为由大量假阳性造成低阳性预测值，会导致采取不必要的应对行动，降低成本效益。这同样适用于动物医学中的某些监测目标。疫病的阳性预测值与病例定义的清晰度和针对性密切相关，所以病例定义应根据监测系统的目标而确定。

　　低阴性预测值的监测系统常常会出现假阴性的情况。某些时候漏判一个病例可能会导致重大经济后果，此时高阴性预测值必不可少。以贸易为目的的监测，为了证明无疫状态或根除项目进入后期阶段，通常优先考虑高阴性预测值。在贸易中，低阴性预测值的监测系统会造成假阴性动物（即感染动物）通过贸易通道进入进口国，对进口国造成潜在的灾难性经济影响。在证明无疫状态的监测中，低阴性预测值会导致漏检事件数量上升，从而极大地危害疫病控制。其影响取决于漏检事件的成本代价，在疫病控制计划的最后阶段和为贸易目的证明可接受的保护水平时，代价会非常高。

影响特异性的因素

　　监测系统特异性的影响因素如下：报告部门识别疫病的能力、对疫病的察觉水平、病例定义关注点或限定、现场和实验室以及其他检测方法的使用。

3.3.3 代表性（Representativeness）

定义

代表性是监测系统客观描述疫病状态的能力。具有代表性的监测系统能随时间变化准确地描述疫病状况及其与监测目的和目标密切相关的空间和群间分布。

检测

·**定量**：对其他监测方法或疫病流行病学研究所产生的估计值进行统计学比较。

一些监测系统除统计事件发生总数外，还计算发病率（morbidity）和病死率（mortality）。而计算这些概率通常需从其他政府部门完全独立的系统中获取数据，因此需注意这些概率的分子和分母数据类别是否有可比性。

·**定性**：群体中部分亚群如果总被排除在报告系统之外，这说明缺乏代表性。另外，如果疫病发生在非疫病目标群体中，也说明代表性差。通过定性分析得以对数据收集进行适当调整，可更准确地预测目标群体的疫病发生率。

影响

数据的代表性越高，则对决策越有利。若监测信息不能反映实际情形，动物卫生计划可能会错误地把重点放在不切实际的需求上，资源分配可能会不合理，特定受益群体可能无法获得充分的服务，影响贸易的重要疫病可能被忽略，且贸易伙伴可能会对所提供的动物健康质量保证缺乏信任。

影响代表性的因素

代表性受下列数据质量的影响：感染个体的背景特征、疫病详情、通报潜在风险因素存在与否等。

观测结果代表性的其他影响因素如下：抽样方法（随机与非随机）、生产者或公众因担忧报告疫病造成不利经济影响而漏报、延迟报告、疫病误诊、物种鉴定缺陷等。漏报和信息过滤现象会出现在监测系统多个层级。

社会阶层和种族群体之间的歧视、缺乏赋权和沟通不畅通常是数据偏见的来源。性别问题，特别是在一类牲畜或牲畜活动的所有权是基于性别的情况下，也会引起信息上的重大偏见。强调某一农业类型（如商业或用于生活）的国家政策会引起更多对选定系统及该系统健康问题的关注，从而引入偏倚，且无法正确评估跨境动物疫病和人兽共患疫病情况。

3.3.4　时效性（Timeliness）

时效性通常是以小时、天或周为单位进行的定量检测，但定性分析也可用于描述整个监测系统。

定义

时效性是监测系统在可采取有效行动的期限内发现事件和提供事件信息的能力。

检测

·**定量**：在监测过程每一关键步骤之间，可用小时、天、周为单位来衡量时效性。为便于分析，需建立记录时间的数据系统。以下步骤之间的间隔时间是测量时效性的例子：

－　事件发生与报告之间

－　暴发确认与实施控制措施之间

－　样本收集与疫病确诊之间

·**定性**：有效地早期发现疫情暴发（如在早期何阶段发现）通常足以体现监测系统的时效性。受益者对监测系统反应时间的看法是衡量时效性的有用方法。

影响

时效性对有效应对和控制疫病影响重大。高时效性将提升监测系统对社会经济的有利影响。

对于强传染性疫病，如口蹄疫和高致病性禽流感，时效性尤为重要，须将任何延误降至最低。例如，在疫病确诊前就应采取控制措施，即使这样做可能会对社会经济造成重大影响，而且可能后期证明病例并非所关注的疫病病例。

影响时效性的因素

重大疫病事件的发生与报告之间的时间间隔受很多因素影响（文本框3.2）。这些因素包括：生产者或从业人员识别潜在疫病发生的时间，生产者、从业人员、野生动物管理人员与兽医机构关系的好坏，兽医机构进行调查、处理、交流报告和将样本提交到实验室诊断的时间长短，实验室检测样本和确定疫病存在的时间，以及就疫病发生与所有相关机构沟通并启动疫病暴发应对行动的时间。影响疫病发生和报告之间时间间隔的多种因素详情见图3.3。

文本框3.2

　　监测系统时效性评估需考虑的问题：

- 生产者、从业人员、野生动物管理者和监测人员是否能快速识别不同疫病的发生，并将适合的样本送到实验室进行诊断？
- 动物卫生政策是否明确阐述报告疫病是对利益相关方大为有利的积极行动？
- 样本的收集与送检是否及时？
- 实验室是否遵守监测实施手册规定的检测时限？
- 是否及时进行必要调查、开展后续行动和汇报？
- 是否及时开展数据分析和汇报？
- 是否及时透明地报告结果和后续行动？
- 是否及时计算出与效能指标的符合或偏离程度并报告给利益相关方？

　　影响确认疫病暴发的间隔时间、发病趋势或控制措施实施效果的因素随疫病的严重性、传染性和病程而异。实行应对措施的时间也受人员、行动激励机制、多机构共同应对期间机构间配合程度的影响。

　　确诊疫病后，能否迅速实行控制措施取决于监测系统通信链的有效程度，应保证不会在"何时、如何、通知谁"上出现错误。奖励和惩罚机制也会影响行动速度。

3.3.5　简易性（Simplicity）

定义

　　简易性是监测系统简单易行不过分复杂化的程度，涉及监测系统结构和操作两方面的简易性（系统设计和系统大小）。在保证达到目标的前提下，监测系统越简单越好。

检测

- **定量**：完成核心监测工作所需的步骤数量或时间。
- **定性**：参与者能清晰地描述其作用并就系统复杂性和易操作性表达其看法。

影响

　　简易性能鼓励参与，将成本最小化，使监测系统更具灵活适应意料之外突发事件的能力。

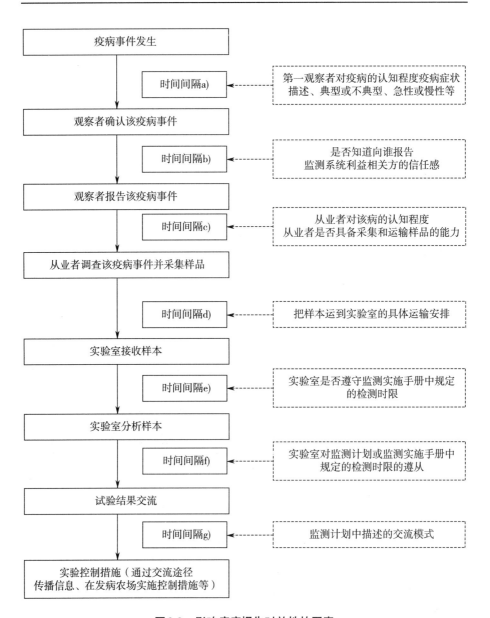

图3.3　影响疫病报告时效性的因素

　　系统不必要的复杂化会降低参与度。如果参与者认为监测工作不能使之有效地利用时间，就会把其他工作摆在优先地位。不必要的复杂化也会增加成本。低参与度会降低数据质量并出现偏倚。比如，生产者、兽医从业者或其他工作负荷大的人，很可能因没有足够时间而不能参与复杂的监测工作。

　　监测系统过分简单也可能导致数据质量不良或不完整，而影响监测系统的实用性和可持续性。

影响简易性的因素

监测系统合理的简易程度取决于工作对主人翁意识、实用性和可持续性等的影响。是否应将某项工作纳入监测系统，取决于其实用性和完成这些工作的人对实用性的认识，他们是否认为值得花时间来完成。技术专家（technical expert）和流行病学家（epidemiologist）可能会优先考虑监测系统细节方面的详细程度，其作用对于监测系统的成功运作和可持续性至关重要，但对利益相关方来说这些细节没有什么价值。总之，合理设计简易性水平是一个与监测系统各参与者达成共识的过程。

3.3.6　灵活性（Flexibility）

定义

灵活性是面对疫病性质或重要性、所监测的目标群或可用资源发生改变时，监测系统能够灵活更新报告需求的应变能力。

检测

- **定量**：应对一个假设情景时，受影响的行动量、人员数和资源量。
- **定性**：监测系统应可动态适应疫病状态、被监测群体和报告需求的改变。另外，监控系统应能够灵活适应财政状况变化。

影响

灵活性有助于加强监测系统的持续实用性和可持续性。需求会随时间而变化，监测系统如不能适应改变，则很容易过时和失去针对性。这将会对主人翁意识、参与度和敏感性造成不利影响。

影响灵活性的因素

越简易的系统越灵活，因为将系统修改成适用于监测其他疫病所需修改的部分会更少。对于新引入疫病和新发疫病，灵活性尤为重要。灵活性高的监测系统能适应如新疫病、病例定义的改变和报告来源变化等。

例如，2011和2012年间，鉴于一些欧洲国家的家畜暴露于新虫媒病——施马伦贝格病毒（Schmallenberg virus）感染后受影响较小且免疫反应较低，因此对监测系统的阈值进行了调整，以使轻微临诊症状不触发监测系统，并在随后的虫媒流行季节，开展与新病毒首次被发现时同等深度的调查。经历过2011—2012的新施马伦贝格病毒感染疫情后，欧洲为了适应新检测需求的改变而做的调整，是监测系统灵活性的一个实例。

3.3.7　实用性（Usefulness）

定义

监测系统支持有效行动和产生影响的能力。

检测

- **定量**：监测在发现和缓解事件方面的成本效用或成本效益。
- **定性**：利益相关方对监测产出实用性的看法。系统的实用性和感知的实用性视不同利益相关方的优先关注点和不同需求而异（如在国家和国际公共卫生和防疫层面，监测高致病性禽流感被认为具有实用，但该实用性在家庭层面会较低，因为后者更关注食品安全和家庭安全）。

影响

实用性是一个重要属性，本质上是积极影响的同义词。如果评估无法证明实用性或实用性无法渗透在监测系统中，则应终止该监测工作。监测系统实用性最直接的证据是系统能否实现预设目标。另外，有时会发现监视活动有其实用性，但并属于有明确目的和目标的整套监测系统组成部分。如果系统可以更好地控制疫病，有助于提高利益相关方的收入和国家经济增长，有助于制定更明智的政策或保障人类健康，这些都是实用性的证据。例如，疫情暴发的早期发现和早期控制可通过及时应对来实现，加深理解某疫病流行病学特征会提高控制措施的有效性，或提高对导致疫病事件风险因素的认知。实用性和对实用性的感知将对系统可持续性产生重大影响。监测系统的实用性会随时间和疫病的流行病学变化而变化。感知的实用性会通过主要利益相关方的主人翁意识产生重大影响。

影响实用性的因素

实用性受监测系统所有属性的影响（文本框3.3）。优化敏感性可以成本效益的方式促进疫病流行的鉴定和对疫病自然进程的理解。时效性的提升能够较早地启动控制和预防行动。水平适当的特异性和预测值可帮助兽医机构避免资源浪费。具有代表性的监测系统能更有效地描述指定群体中某特定疫病事件的流行状况。简单灵活且易于接受的监测系统往往在信息提供方面成本更低和效率更高。

实用性评估也应识别毫无作用或未被正确利用的组成成分，并提出改进措施。重要的是，评估应可敏锐觉察到监测工作可能产生的任何不良影响，这些影响可能仅限于一个或多个为数不多的利益相关方，从而应考虑分析谁是受益方（公平性）。例如，监测工作和相关应对可能会对生产商的某个子群体产生不利影响，也许是贫困者、妇女或边缘化民族。通常情况下，在各个利益相关群体间平衡正面和负面的影响超出流行病学范畴。

文本框3.3

评估监测系统实用性需考虑的问题：
- 监测计划是否实现其重要目标并获得预期结果？
- 是否满足利益相关方的需求？
- 是否获得有用的产出和正面的结果？
- 是否有不良后果或影响？
- 监测工作是否产生意料之外的效益？

3.3.8 主人翁意识（Ownership）

定义

主人翁意识是利益相关方将监测系统视为属于自己并能满足其需求的程度。主人翁意识使人们从接受和服从等消极态度中走出来，激励人们积极参与并为系统的成功而努力。主人翁意识取决于感知的实用性，并对监测系统及其效能产生重大影响。

检测

用定性和半定量的评估来衡量主人翁意识：

a）某关键利益相关方如生产者、个体从业人员、野生动物管理者、猎人、农业综合企业等，在系统的设计、管理和审核上的参与程度；

b）某利益相关方对系统所产生的利益和不利影响或风险的认识程度；

c）利益相关方为监测系统所贡献的时间。

虽然通过自愿合作调查或其他方式收集的数据可粗略估计达标率，但主人翁意识毕竟是一个很主观的属性。

影响

利益相关方有了主人翁意识，就能真正地积极参与到监测系统中，而不是仅仅应付其他方面提出的要求。如果利益相关方认为这是自己分内的工作，系统的参与度和敏感性都会很高。

主人翁意识对监测系统的性能和持续性有着很重要的影响。目标团体和价值链上的利益相关方对监测系统缺少主人翁意识就会降低系统的敏感性。各利益相关群体主人翁意识高低会导致参与度的差异，甚至在数据中引入重大偏倚。

影响主人翁意识的因素

利益相关方如在设计制定系统中发挥作用，通常就会促进产生强烈的主人翁意识。在决策过程中建立一个由生产方和价值链上的利益相关方组成的监督委员会（oversight committee）或指导委员会（steering committee）是树立主人翁意识的一种极佳手段。

影响主人翁意识的因素包括：

- 包容性设计和监督：让利益相关方在设计和监督监测系统中充当有用的角色有助于树立主人翁意识。
- 疫病的公共卫生重要性：监测对公共卫生影响大的动物疫病（如H1N1流感大流行）比监测无公共卫生影响的动物疫病，更容易被人们接受。
- 对各利益相关方贡献的肯定：与利益相关方参与程度有限或被动参与的监测系统相比，利益相关方参与度高和权限大的监测系统，其功能性会更强、效率更高和响应更佳。
- 监测系统对建议或意见的响应性：根据建议灵活调整监测系统，则更容易被广泛接受。
- 时间负担：与监测系统的简易性高度相关。与需花费大量时间（与费用）的复杂系统相比，参与时间少（低费用）的简单监测系统更容易被接受。
- 数据收集和保密性方面的法规：畜牧行业往往对数据保密性很敏感，因此更易接受数据隐私受法律保护的监测系统。
- 报告的监管要求：为了达到必要的监测水平会强制要求报告疫病。报告要求的详细程度能够支配监测系统的分辨率（resolution）程度。

3.3.9　可持续性（Sustainability）

定义

可持续性是一个系统或行动能够持久的能力。为了能够持续下去，监测应被利益相关方和决策者视为在经济、社会和环境等方面都是合理的。

检测

• **定量**：监测活动水平和随着时间推移的产出是可持续性的定量指标。来自公共部门或私营机构的投资水平也是可持续性的指标。

• **定性**：利益相关方继续维持某系统及其投入某活动的意愿。

影响

认为持续性很差会导致丧失主人翁意识、低参与度和数据质量低下。

影响可持续性的因素

为了使监测系统或活动具有可持续性，则须在社会、经济、环境需求和影响上取得平衡。影响很大程度上取决于实用性。强烈的主人翁意识会提高持续性，因为参与者在指导监测系统过程中起着作用，系统是属于他们的系统，而且满足的是他们的需求。

开展监测工作是为了维护公共利益，其本身不产生资源流。信息作为监测的产品是有价值的，但通常不能作为创收活动用于销售。这意味着监测系统往往要依赖于国家公共部门（畜牧、贸易、野生动物管理和卫生机构等）或生产者团体等提供资金，也有监测工作由生产方或获得区域支持的保护组织主导的例子。世界动物卫生组织（OIE）就是一个全球性组织的例子，成员资助供其维持其监测信息共享工作。产出的实用性和成员参与制定标准激发出的主人翁意识，维持了成员继续为监测工作提供资金的政治意愿。

可持续性的另一方面是监测系统的复原能力。这是指监测系统从打击和逆境中快速恢复的能力，当监测系统建立在切实可行的后勤组织和易于使用的监测数据流上时，该能力则更强。简单监测系统往往比复杂监测系统具有更强的韧性。监测数据流提供的数据足够多，监测系统则更坚固，即使缺失某些成分也不会阻碍监测目标的实现。例如，如果在确定某疫病流行率时缺失屠宰监测系统这一组成部分，但诊断实验室和农场采样数据流依然完整，能够提供类似的监测数据，则缺失屠宰监测不会影响实现目标。

3.4 成本和成本效用

如成本效用（cost-effectiveness，CE）或成本效益（cost-benefit，CB）等成本分析是评估监测系统的重要工具。分析成本效用（CE）和成本效益（CB）一般需要超出评估范畴进行专门的经济研究。所有评估均应进行实际成本和预算成本比分析。

3.4.1 成本项目

成本应包括：
– 人员（包括所有利益相关方）
– 基础设施
– 交流
– 培训
如同时有实现目标的替代方法，评估则应对不同方法进行直接成本估算。

3.4.2 成本效用分析

如果难以用货币量化效益，则成本效用分析（cost-effectiveness analysis，

CEA）就是首选方法。这种方法也常用于不适合以货币价值来衡量结果时，如人类健康计划分析。

成本效用分析是比较不同监测系统成本的方法，这些系统的产出是非货币形式的益处。例如，成本效用分析可用于比较病例不同检测方法的成本，这里不需要估算检测病例的效益。成本效用分析只能用来评估实现目标的不同方法，且假设决定是否开展监测并不取决于分析结果，不能作为投资监测系统的决策依据。成本效用分析广泛用于人类卫生领域，常以不同治疗方法预期额外延长的寿命作为衡量目标。成本效用分析通常也是动物卫生经济学的首选方法。由于可用于估算效益的可靠数据可能不足，这样就需对效益做出假设，使成本效益分析欠缺严谨性。这往往使成本效用分析成为支持动物卫生决策更可靠透明的方法。

3.4.3　成本效益分析

成本效益分析（cost-benefit analysis，CBA）是一种评估投资适当性的方法，该方法将某监测系统产生的效益价值和实施成本进行比较。当效益成本比大于1时，在监测系统实施上投入的资金产生正收益。但这笔资金也许可以更好地用于其他项目，带来更高的成本效益比（cost-benefit ratio）。当分析目的是选择不同方法时，应选择成本效益比最高的方法。

成本和效益有共同的衡量单位，通常以货币为单位并基于市场价格。效益经常以减少多少生产成本或避免多少国际贸易损失来定义。成本效益分析常用于大多可通过市场价格相对简单地衡量效益和成本的动物疫病。

可靠的成本效益分析常面临的挑战是难以估算效益价值。当无法用市场价格衡量效益和成本时，成本效益分析仍可用于如文化遗产、传统、美丽环境等的价值。经济学家设计出基于消费者"愿意支付"的概念来估算这些价值的方法。至于监测，估算效益通常需作大量假设，比如某监测水平将会更早地发现疫病从而避免损失。得出的数据是通常把专家意见进行量化，而不是真实量值。在这种情况下，成本效益分析可能更适合也更清晰。图3.4用牛眼代表被监测的疫病，用以说明监测准确性和精确性的概念。

监测系统应是成本有效的（cost-effective）（文本框3.4）。对监测系统进行经济评估需回答的问题是，系统带来的效益是否值得所投入的资金，并阐明如何使该系统更具经济效益。从经济学角度考虑的问题有：

- 所收集的信息的价值是什么？
- 当前系统是否比其他方法更加成本有效？
- 监测成本达到多少才够？

－　收集更多信息或估算更精密的附加价值是什么？

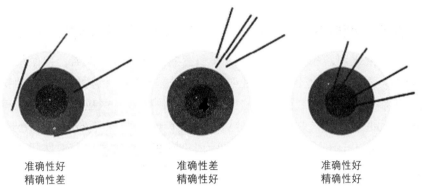

准确性好　　　　　　　准确性差　　　　　　　准确性好
精确性差　　　　　　　精确性好　　　　　　　精确性好

图3.4　准确性（accuracy）和精确性（precision）

文本框3.4

精确性与准确性：

精确性指在相同流行病学条件下，某监测系统针对某疫病反复进行监测，其产出或结果始终保持一致的能力。

准确性是监测系统正确地检测、描述和监视疫病事件的能力，以监测的敏感性和特异性衡量。动物卫生监测系统的结果可能会存在潜在的随机和系统性误差。正确识别和量化这些误差对于避免高估或低估相关参数很重要。然而，提高精确性和准确性的成本必须与所增加的价值相平衡。这一方面涉及系统的成本效益和实用性，将在下文论述。

在许多情况下，经济分析是定性分析。如可获得资源和专业知识，经济评估可采用成本效益分析（CBA）或成本效用分析（CEA）。

3.4.4　成本效益分析或成本效用分析的效益和成本范畴

在成本效益分析（CBA）或成本效用分析（CEA）中，效益和成本包括从实现的监测系统目标中得到的所有成果。因为根据监测产生的行动是应对疫病暴发的控制措施，所以除了与实施监测相关的直接成本，按给定时间内事件发生的概率来分配的应对措施成本也包含在成本测量中。例如，发现疫病所需的时间会影响应对行动的规模大小和最终成本，这是监测计划的一个重要元素。遗憾的是，这个元素很难测量，往往基于专家意见进行综合预测。监测的效益包括由于早期发现和疫病暴发控制而避免的生产和贸易损失。

3.5 兽医机构评估:《OIE兽医机构效能评估工具》

从国家级利益相关方、其他国家和贸易伙伴的角度来看，兽医机构的信誉很大程度上取决于动物卫生项目的有效性和兽医机构如何应对动物疫病紧急事件。已建立或计划建立监测系统的国家或地区应具备有效的兽医机构。《OIE兽医机构效能评估（PVS）路径》(www.oie.int/enlsupportto-oie-members/pvs-pathway/)是一项全球计划，旨在持续提高成员兽医机构遵守OIE标准的水平，详见《OIE陆生动物卫生法典》第3.2章（图3.5）。

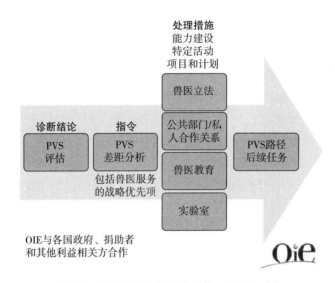

图3.5 OIE 兽医机构效能评估（PVS）路径

为了使一个国家的兽医机构达到OIE建议的标准，必须在动物卫生领域适当立法，并给国家动物卫生和福利系统配以人力和财力资源来严格执行法律。这可促进:

- 早期发现疫病入侵，做到透明化并通报;
- 快速对疫病暴发做出应对，实施生物安全和生物防护措施;
- 制定受疫情影响的动物养殖者补偿策略;
- 适时免疫。

《OIE PVS 路径》提出了动物卫生监测系统的几个组成部分（包括兽医公共卫生部分）。可靠、可持续和高效的监测系统有助于确立国家和地区的工作重点，并确保开展适合的策略性监测计划和活动所需的投资。

《OIE PVS 路径》"诊断"和"规定"部分包含两个工具：《OIE PVS 评估》和《OIE PVS 差距分析工具》。第一个工具旨在评估兽医机构关键能力（CCs）的发展阶段，通过五个定性的发展水平进行评估。同时《OIE PVS 评估工具》重点关注兽医机构的整体效能，以下一些关键能力对监测工作质量具有特别影响：

- 兽医机构的专业的和技术的人力资源 - CC I – 1 NB
- 兽医和兽医专业助手的能力 - CC I – 2 A/B
- 持续教育 - CC I – 3
- 技术独立 - CC I – 4
- 兽医机构的协调能力 - CC I – 6
- 物资资源 - CC I – 7
- 运作资金 - CC I – 8
- 资源和运作管理 - CC I – 11
- 兽医实验室诊断 - CC II – 1
- 实验室质量保证 - CC II – 1
- 风险分析 - CC II – 3
- 流行病学监测 - CC II – 5 NB
- 食品安全 - CC II – 8 A
- 标识和可追溯性 - CC II – 13 A
- 与利益相关方的协商 - CC III – 2
- 认证 / 授权 / 委托 - CC III – 4
- 联合计划中生产者和其他利益相关方的参与 - CC III – 6
- 国际协同 - CC IV – 3

OIE 成员可将 PVS 评估结果用于提高兽医机构和其他利益相关方的意识。兽医机构可采取更积极的态度，通过战略行动和投资来弥补已发现的不足之处，并采取后续措施加以改进。

4 数据来源

4.1 数据收集人员

参与动物卫生监测工作的人员众多，涉及面很广，包括监视动物卫生状况的农场主、寻找死亡动物的野生动物管理者，以及评估监测工作信息并实施相应措施的所有专业人员。监测人员根据监测疫病和目的不同而异，一般包括以下人员：

- 接触动物并从监测中受益的人；
- 辨别动物疫病病因的诊断人员；
- 收集、整理和分析数据的人员；
- 对监测信息实施评估的人员（见第2.2节）。

动物卫生监测在许多国家被视为一项公共事业。兽医机构提供诊断服务，开展现场调查以发现国内或国际关注的疫病，如影响国际贸易的疫病。但在过去的几十年中，一些国家的兽医机构被大量私有化，导致政府机构和生产者之间的联系减少。

在发达国家，私营实验室由于能力相当于甚至超过公共部门实验室，所以是一个丰富的监测信息资源。私营兽医诊所可能拥有并使用尖端的技术设备，为其客户提供服务。大型动物生产部门拥有足够的诊断能力，可在自己的生产设施内追踪不同疫病。立法要求私营机构报告疫病给监测系统提供了独特的挑战。发达国家以往监测工作目标集中于外来动物疫病，或官方控制规划所针对的目标疫病，或对贸易至关重要的疫病。

在发展中国家，私营机构的诊断能力通常有限，且相对畜禽价值而言，样本提交和诊断开支通常很高。这意味着，在没有主动监测的情况下，通过被动报告进入监测系统的信息往往存在局限性和偏倚风险。此外，本章提到的许多数据资源在发展中国家无法轻易获得。因此，发展中国家要实现监测目标，则必须主动收集符合目的需求的原始数据。

在当今新发疫病增多的形势下，仅聚焦于法定通报疫病的监测不足以发现新发疫病。对于全面追踪动物疫病信息的监测系统来说，特别是以发现新发疫病为目标时，排除私营机构报告动物疫病的立法障碍是一个巨大挑战。

4.2 收集和获得监测数据

4.2.1 数据来源选择概述

监测需要可靠、有效、有意义的信息。监测信息包括个体和群体健康状况相关数据、群体移动和群体数量、干预和风险因素的分布和作用等。监测数据的多样性要求通过多种方法收集数据。获得动物卫生信息一般有以下三种途径：

a）访谈和问卷调查

b）观察资料

c）记录和其他文档的审查

正确选择数据资源或组合数据源均需慎重考虑多种因素，包括监测系统的目标、及时获得数据的重要性、所追踪疫病的自然史、法律、当地基础设施、费用、信息质量、数据源所能提供特定疫病及风险因素等。正确选择数据资源需要监测系统的设计者必须明确监测要解决的问题，熟悉数据来源地环境，理解监测结果对当地的影响，并清点和评估可能的数据资源。

监测数据的主要来源包括法定通报疫病报告、实验室报告、临诊报告和为收集特定动物卫生信息而设计的主动监测项目等。新型通信技术的广泛应用有利于追踪其他数据源，包括媒体报告、农场主或动物卫生工作者提供的症状报告以及公众通过互联网、电话和短信提供的报告等。不管使用哪种来源，都有必要严格评估来源能否及时提供符合监测目标的有意义的可靠数据。

动物卫生监测系统通常收集的是畜群群体动物的数据。群体信息可利用畜群普查获得，疫病信息可作为普查的一部分，通过概率抽样或基于风险的抽样来获得。

4.2.2 一手与二手监测数据

监测系统可自身产生数据（一手数据），也可利用其他资源信息（二手数据）。一手数据可直接来自定期接触动物的人（如养殖者、宠物主人、动物保护官员、兽医行业辅助人员等），也可来自为这些人提供服务的诊断人员（如临诊兽医或实验室兽医），也可来自监测团队其他成员（如信息技术人员或流行病学家）。一手数据的收集方法专门为达到特定的监测目标而设计。基于一手数据的监测具有以下优势：控制收集到的信息、缩短数据收集到分析的时间、更容易控制数据质量、收集的数据更具代表性、关于个体和群体信息更详细等。与二手数据相比，这些优势往往会提高一手数据的收集成本，而且数据的覆盖性也不够全面，因为数据仅来自局部地区的小部分动物个体或畜群。因此，一手监测数据应视为最适合于针对特定目标的策略性研究。

关于病例或暴露的一手数据可从家畜/禽或伴侣动物的所有者或管理者处收集。有些监测系统从畜群生产记录系统中收集单个动物或畜群的汇总数据。关于野生动物或虫媒的一手数据可从猎人或狩猎者、野生动物集中地区附近的畜/禽主、普通公众、野生动物康复师、野生动物机构官员、猎场和公园管理员、执法人员和生物学家等处收集。直接收集群体的监测数据有许多优势：首先，能够评估养殖者对疫病严重性和经济支出的态度，以便制订控制项目指南或确定研究重点；其次，从使用者处收集的监测数据质量一般很高，因为这一群体更关注监测结果。从直接接触动物的人那里收集的数据，对调查新发疫病或需专项研究的非常规疫病尤为有用。

二手数据是根据已有数据汇编的数据。这些数据常常来自为数众多的生产者、兽医行业辅助人员和兽医，而且可能出于其他目的而被收集。掌握二手数据的往往是政府机构、学术组织或非政府组织、畜牧行业所属协会（如全国性的生产者组织）和各种商业组织（如饲料公司）。二手数据不能完全适合于特定的监测目标，但这类数据确实可为强化监测系统信息提供一种经济高效的方法。由于二手数据是经过汇编的数据或受保密法保护，因此，通常难以识别到个体水平。二手数据的时效性也不够好，因为是利用其他机制收集整理和汇总的数据。二手数据在畜牧业的覆盖面更广，但在野生动物覆盖方面仍存在问题。二手数据还存在数据质量问题，尤其是收集的数据出于非专门的监测目时。

4.2.3　监测数据来源

多年来，监管机构的疫病报告和实验室诊断（见第4.4.1节）一直是动物疫病监测的支柱。然而，在当今新发疫病频发的全球化时代，这些信息源尽管仍有价值，但往往不足以收集到当前监测所需的全部信息，还需从非传统渠道获得关于暴露（exposure）、风险因素（risk factor）和群体移动（population movement）等新数据。

动物卫生监测数据通常来自畜牧服务业的不同数据源，包括政府部门、畜牧业协会和企业、直接治疗和监测动物的兽医专业人员以及为其提供支持的诊断中心等。

在畜牧体系中，传统的信息网络是追踪严重影响生产者生计的疫病的敏感系统。通常情况下，每个地区会有本土化的疫病名称，当地有关机构可描述地方性和流行性疫病在本地的分布和发病模式。这类数据已被用于牛瘟、高致病性禽流感等全球疫病控制项目中。

参与野生动物数据收集的有多种人员。进入诊断阶段的野生动物数量往往较少，且通常是带有偏倚的样本。野生动物的繁殖能力、分布情况、丰富程度等卫生信息往往由生态学家和野生动物管理人员采集，但这些人员从未参与过野生动物疫病监测系统。目前，监测系统越来越多地使用狩猎者、动物保护管理者和鸟类观察者的观察结果，或由居住在野生动物活动区域附近的居民（如原住民和牧民）提供定性或症状观察等方面的信息，并向实验室提供野生动物样本用于诊断。

伴侣动物监测在许多地区都处于初级阶段，部分原因在于缺乏商业利益和可报告的疫病。大型私营诊断实验室有能力进行大规模的伴侣动物普查而获得有用的监测数据。例如，美国明尼苏达尿结石研究中心发现了一种新型尿结石，后经证明是由宠物食品中添加的三聚氰胺引起。私营兽医也可参与主动监测。例如，在基于养殖场的监测系统中，兽医可采集抗生素应用方面的数据和样本。

在很多情况下，对风险因素、虫媒或群体的监测由于缺乏数据源，会要求开展直接监测，如针对疯牛病（BSE）的肉和骨粉移动监测系统、北美针对西尼罗病毒入侵的蚊子监测系统、非洲针对裂谷热的蚊子监测系统等。收集风险和暴露数据通常需与自然资源部门、农业部门和私有产业从业者合作完成。

可获得或收集动物卫生监测数据的人员和机构：

Ⅰ. 畜主和生产者

在世界许多地方，畜主和生产者是疫病监测准确信息的主要来源。与畜禽或野生动物接触并以此为生的人员对动物的卫生和福利状况比较了解，并能提供关于过去和当前疫病情况的宝贵信息。例如，在苏丹南部，畜主能详细准确地描述牛瘟病例。这些数据与兽医诊断实验相结合，及时提供了可用来控制疾病的敏感性和特异性兼具的监测数据。

Ⅱ. 兽医从业者

a. 私营兽医

私营兽医的病例报告具有快速简洁的特点，尤其适用于报告罕见疫病或常见疫病的非正常表现。在一些地区，私营兽医负责向相关机构报告法定通报疫病的确诊病例。在发达国家，通常由获得诊断样本的实验室履行报告职责。私营兽医经常参与罕见疫病或局部流行疫病的跟踪调查工作。在私营兽医服务体系比较完善的国家，基于兽医的监测通常是跨境动物疫病监测的基础。

然而，兽医服务并非随时随地可用或可得，因此，这类监测往往缺乏代表性，且报告的病例通常未经实验室确诊。如仅依靠私营兽医收集数据，会由于其工作繁忙，难以及时完成报告或填写完整表格而造成漏报（under-reporting）。有些私营兽医可能不报告病例，有些则未进行病原体确诊试验，并且所有私营兽医都是应最先接触患病动物人员的要求而出诊或收到样本。从私营兽医处采集监测数据的方式不适用于野生动物、贫困畜主、轻度疫病、基本不会请兽医出诊的绝症病例以及畜主可自行治疗的简单疫病。在不同国家，甚至在同一国家的不同地区，动物卫生服务机构的普及状况也会有所不同。

b. 官方兽医

为公众服务的官方兽医在疫病监测过程中发挥着至关重要的作用。例如，英国2001年暴发的口蹄疫就是一位官方兽医在一个屠宰厂首次发现。

c. 兽医辅助人员

许多OIE成员的兽医机构都会雇用兽医辅助人员。这些人员在兽医的管理和指导下，执行某些指定任务，参与基础动物卫生项目、疫病控制项目或肉品检疫等工作。这些人员接受过专业培训，并具备一定的工作经验，有能力识别和报告疫病。

III. 兽医诊断实验室

动物卫生监测与兽医诊断实验室紧密相关，尤其是在官方疫病控制项目上。从递交到实验室的病例中收集的数据往往比较详细和准确，但在一些情况下，可能缺少与样本相关的临诊数据。对于需要实验室确诊的非特异性疫病监控，如沙门氏菌病等消化道疫病，兽医诊断实验室的作用尤其重要。在缺乏疫病临诊病史的情况下，兽医可能掌握比较完整的病史和潜在暴露史，而诊断人员则掌握详细的实验室结果，因此，二者之间需保持良好沟通。不同国家的实验室数据在质量和准确性上会有所不同，这主要是因为各国在能否获得高质量的诊断实验方面差异很大，且实验室人员的专业水平也会参差不齐。

诊断实验室可为疫病发展趋势提供有用数据，以提醒有关部门进一步调查疫病暴发。然而，趋势分析能力受很多因素的影响，如实验室内部和实验室之间使用的标准病例定义、进行趋势分析的数据管理系统、质量控制系统（以保证不同诊断系统、试验或人员专业能力之间的差异不会影响趋势分析）、实验室合作等。此外，在国内外实验室设立统一的参考范围、设备要求和操作规程也是一个巨大的挑战。

由于报告系统的每个环节都会过滤信息，因此，从实验室收集的监测数据通常存在选择偏倚（selection bias）。一般首先由畜主发现疫病，然后报告给兽医,随后适当的动物或组织样本被提交到诊断实验室。在每一环节,人们都会先斟酌利害,再决定是否报告。病例报告会受到报告人和诊断者的人为影响,也会受经济因素影响。例如,疫病暴发后,畜主担心给养殖场带来不利的经济影响,因此,可能不提交样本进行诊断。

实验室人员的专业水平以及诊断试验的敏感性和特异性可能存在差异,因此,可能出现错误分类偏倚(misclassification bias)。在检测野生动物或特种养殖动物样本时,尤其要考虑这个问题,因为诊断试验很可能尚未在这些物种上经过验证。此外,兽医诊断实验室一般不掌握群体统计数据,难以估算处于风险中的动物群体。因此,必须谨慎解读根据兽医诊断实验室的检测结果计算出的疫病阳性率趋势。此类趋势可能受到群体结构变化、疫病报告数量增多、诊断能力和技术水平提高等因素的影响,而未能真实反映出疫病流行率。

诊断实验室在传染病以外的其他疫病监测中也发挥重要作用。可根据诊断实验室提供的数据,估算出营养不足、代谢病、中毒症、贫血症等的流行率。此外,诊断实验室还可为监测系统制作遗传标记分布和频率图谱,参与环境生物学监测,建立血清样本库等。

IV. 政府机构

兽医机构通常在官方疫病控制计划下的动物疫病监测中发挥主导作用。为发现病例,这类监测系统常以昂贵的筛检方法为基础,并使用汇总数据来跟踪控制计划的进程。

V. 动物群体统计数据来源机构

群体统计数据对于所有监测工作都非常重要,通常由政府各统计部门通过定期普查或常规市场调查进行收集(见第4.4.11节)。如处理人群或野生动物群体数据的其他政府机构也是重要的信息来源,提供有关宿主或虫媒群体的规模、分布等二手数据。这些资源的信息一般非常丰富,但常会深藏于"政府信息库"中,难以查询和获取。将数据用于数据资源声明中未提到的目的时,可能会有保密性或伦理道德问题。由于许多信息系统在设计时并未考虑到疫病监测问题,因此,将这些系统提供的数据用于监测目的时,需谨慎分析和解读。这些数据记录中可能遗漏重要信息。负责野生动物管理的政府机构正越来越多地参与到某些形式的疫病监测中。

VI. 与动物相关的组织

诸如养犬俱乐部、马育种协会、野生动物康复协会、野生动物保护组织、非政府组织、狩猎协会等机构也可作为监测数据的来源。疫病记录常用于公共卫生监测,但有关动物的记录很少,因此,很少应用在动物卫生监测中。此类记录会因无应答和选择问题而出现偏倚。生产记录组织（如CanWest DHI[1]、CAB International[2]等）也可作为监测和暴露数据的来源。

VII. 畜牧产业

将屠宰厂数据用于监测系统是一种简捷、廉价、灵活的手段，适用于识别疫病流行的时间和空间分布模式。解读从屠宰厂收集的数据需考虑屠宰和疫病发生的季节模式。疫病必须易于快速识别和预防，不可含糊不清，这具有重要的动物监测和公共卫生或经济效益意义。屠宰厂数据可为畜主和兽医提供关于多因素疫病流行的有用信息，这类疫病的早期检测十分重要。野生动物越来越多地用于生产动物产品，使用相似方法监测野生动物的实践也日渐增多。然而，在许多国家，野生动物很少在屠宰厂宰杀，而是由经批准的猎物加工厂处理。此外，屠宰厂提供的样本往往存在偏倚，因为根据各地惯例，发病动物不会进屠宰厂屠宰或另行交易，而死亡动物一般不会进入市场链。因此，从屠宰厂获得的数据经常会低估高死亡率疫病的流行率。需要进行快速诊断时，常会由非兽医人员实施。他们为尽快得出结果，往往会采用过于简化的方法，从而引入错误归类偏倚，造成发现疫病数量减少的趋势，而少量熟悉的疫病占疫病记录比例更大。

4.2.4　监测数据的主动收集与被动收集

监测数据的收集方法对监测系统的各个方面都有重要影响。最常见的动物疫病监测方法是所谓的被动监测，指的是由兽医机构接收来自生产者、现场兽医、屠宰厂或诊断实验室的疫病事件报告。被动监测主要依赖于有积极性的人员向监测系统报告疫病病例。被动报告相对廉价且易于操作，是所有OIE成员兽医机构收集疫病数据的主要方法，适用于覆盖庞大群体，也是早期预警和反应机制的核心组成部分。但报告的质量往往千差万别，在很大程度上依赖于奖惩措施。在发达国家，严重或罕见疫病的报告水平会非常高。从理论上讲，由于潜在报告群体较为庞大，因此，被动报告的敏感性会很高。尽管如此，被动监测有时被证明缺乏代表性、时效性、敏感性和特异性。还有实例证明，常规被动监测系统在数年甚至数十年中未能发现跨境动物疫病，而在引入主动监测后便查出此类疫病。

家养动物的被动监测主要依赖于饲养管理者的求医行为，还取决于兽医服务的覆盖面和可及性。野生动物监测工作主要依靠野生动物观察员或

1　www.canwestdhi.com/index.htm

2　www.cabi.org/

其他相关现场人员。这些人员自愿报告发病或死亡的野生动物，并获取诊断用样本。被动报告也取决于当地的奖惩措施。如报告病情给畜主带来不利后果，畜主可能就不会报告。同样，如报告会对报告链上的动物卫生工作者有负面影响，则相关信息一般会被过滤。此外，被动报告通常依赖于强制性法律，而这些法律可能未被很好地贯彻执行。需要广为传播的特定病例定义必须简单明了且易于接受。通常有必要进一步核实上报的病例。

影响被动监测数据收集的最主要因素可能是报告者的动机。因此，被动监测数据往往更多地揭示了报告动机而非疫病趋势。为有效执行被动监测，必须将动员措施与奖励机制相结合。

大部分监测系统会或多或少地包含主动监测元素。主动监测涉及扩展监测数据的来源，可集中于特定事件，或定期进行一般性监测工作，在内容上可包括全面搜索特定群体、对大型畜群开展抽样调查、定期联系诊断专家等。主动监测可提供更为完整可靠的数据，上报病例的数量也会显著增加。与被动监测相比，主动收集监测数据的成本较高，因此，通常用于规模较小并明确限定的畜群监测，或用于特殊的监测系统。

4.3 在数据方面需注意的事项

收集和分析出于其他目的而获取的数据，可有助于实现动物卫生监测系统的目标（见第2.1章），如常规实验室诊断、食品加工、农场生产、动物溯源、野生动物管理、野生动物捕获统计以及其他兽医活动。这些数据源的优势在于可覆盖广泛区域内的大量动物和养殖场，能以常规方式收集大量数据。兽医机构通常制订专门方案，用于收集、管理、报告和反馈这些从不同活动中搜集的信息。目前已开发出一些国家级综合信息管理系统，以整理和发布从不同来源收集的信息，如英国的动物相关风险快速分析与检测系统（RADAR）、加拿大动物卫生监测网络（CAHSN）等。有关人员通过这些系统可查看数据，并考量能否将其用于动物卫生监测目的。这些数据可与将数据按特定类别或症状分类的监测方法结合使用，以便在诊断前或无法诊断时，迅速识别并追踪与疫病有关的临诊表现或器官组织病变。

在监测系统中利用常规动物卫生和生产数据，需考虑如何获得、保存并便捷有效地访问这些数据、是否存在限制数据使用的保密性问题等。在监测系统开发早期，清晰地确定和描述监测目标可确保完整收集所需数据。

此外，还需明确进行有效分析必不可少的特定数据。通过确定所需的最少数据量，兽医机构可确定某数据源对监测是否有用。兽医机构还可建议实验室、兽医诊所等数据提供方开始收集或完善监测工作所需的数据元素。

尽管可能会从指定数据源额外收集所需的某些特定数据，但现有动物卫生和生产数据源的监测计划一般需要以下14种数据，以保证在场群或动物个体水平开展有效监测。这些数据可根据情况加以调整，以适应各类畜禽系统（如家禽或奶牛生产系统）、野生动物及伴侣动物的监测。

（1）唯一标识符　每种动物疫病均对应唯一的一个编号。一般来说，某一动物疫病是在某日发生于某地。

（2）委托人或委托机构标识　可用于评估监测范围的完整性，并能在分析中考虑数据聚类。

（3）事件发生日期　发现并记录事件发生日期。应采用固定的输入格式，以免混淆年月日。

（4）地理位置　事件发生的地理位置。地理范围越精确越好，最好是以地理坐标（经度和纬度）形式记录。一些国家对于地理位置数据特别敏感，可能不易获取。在这种情况下，分析数据可尽可能明确划分地理位置，但发布数据时可笼统一些，从而无法识别出农业生产者的身份。

（5）动物种类　动物种类是动物疾病的关注点。

（6）场所类型　例如，加拿大养牛场类型包括肉牛育种场、肉牛育肥场、架子牛饲育场、乳品厂和其他场所。疫病风险因场所类型而异。

（7）群体类型（或相关年龄和性别分类）　例如，猪可分为哺乳母猪、哺乳仔猪、断奶仔猪、待育肥猪、空怀母猪、成年公猪或淘汰种猪。群体类型说明动物年龄和用途，野生动物按生命表分类（life table classifications）。

（8）发病数量　用来确定目标群体的发病率。

（9）死亡数量　用来确定目标群体的死亡率。

（10）在场所或其他类似群体单元内每种易感动物的总数　与当地动物群体数量比较，在一定程度上可评估监测的完整性。

（11）疫病分类　为保证兽医从业人员能使用预诊断指标进行有效评估，应将所见的每个病例按主要症状进行分类，主要是所涉及的主要器官系统症状，如呼吸道症状、多系统症状、发育迟缓、不适表现等。

（12）要求的检测　为评估试验结果，需记录检测的病原体和采用的检测方法（包括符合《OIE陆生动物诊断试验与疫苗手册》的方法）。

（13）结果记录　在实验室或临诊环境中，这些数据是上述指定检测的特定试验结果。结果记录应标准化。

（14）诊断　这是对相关动物疫病的最终诊断，可以是临诊诊断、病理学诊断或导致胴体检疫的原因。诊断不必基于特定的实验室检测。

人类的行为和相互作用是动物感染与传染性疫病传播的主要决定因素之一。在世界很多地方，人类社群结构和机构与动物生产系统、市场营销模式、饲养品种和各种动物接触方式紧密相关，同时前者也是后者主要决定因素之一。当分析监测和流行病学数据时，这类信息至关重要。收集社会信息可能是一个比较敏感的问题，应以适当方式将其纳入数据收集和分析过程中。

4.4 数据来源

可用于监测目的的动物卫生数据资源十分丰富（表4.1）。在本章前几节中，已介绍了一些可获得和收集动物卫生信息的人员和组织，他们均应被视为监测系统的潜在信息源。在本节中，我们确定了最常用的数据类型，并加以详细介绍，包括各种数据来源的优缺点，以及使用这些数据前应考虑的重要问题和注意事项。我们还提供了一些实例，展示了数据来源的类型及其所包含信息的属性和范围。

监测系统可利用在其他项目中所收集的信息，而执行机构可在开展监测期间收集其他数据，或开发全新系统以获得所需数据。监测工作可专注于收集和分析实时数据，也可使用长期保存的历史样本。通常可从历史样本中获得历史数据，出现新诊断方法或新问题时，可增加新数据。

表4.1　可利用的数据资源及其简要定义和优缺点

数据类型	定义和来源	优　点	局限性和要求
主要监测数据	通过主动监测收集的数据，旨在实现监测目标	- 高质量 - 适用于监测目的 - 对于无其他数据来源的国家来说至关重要	- 成本较高 - 需设计得当 - 执行能力 - 数据所有权
通报	畜主通过官方疫病汇报渠道呈报的临诊病例报告	- 成本较低 - 大量潜在报告人群	- 质量参差不齐 - 有偏倚 - 如激励措施不当，会限制上报数量
屠宰厂监测	对屠宰厂待宰畜禽或捕获的野生动物进行系统性监测，以获取有关疫病的临诊和病理证据	- 有助于确保食品安全 - 降低疫病通过畜禽产品传播的风险 - 提供关于源群中是否存在疫病的信息 - 成本较低	- 市场营销行为导致偏倚 - 错误诊断导致错误归类 - 主要适用于存在明显临诊和病理症候的疫病

（续）

数据类型	定义和来源	优　点	局限性和要求
野生动物监测	由定期接触野生动物的人员采集样本或数据	- 可发现野生动物中的人兽共患病和罕见病 - 狩猎者往往最先观察到野生动物患病证据 - 成本较低	- 样本质量可能较差 - 存在与狩猎或其他接触模式及激励措施相关的偏倚
虫媒监测	监测可传播病原的节肢动物群体	- 存在充足的虫媒 - 存在虫媒病原	- 成本 - 专业知识 - 基础设施
间接指标	关于疫病替代指标的数据，这类指标在疫病进程中间接出现，或是与疫病相关的风险因素	- 早期发现 - 可针对风险开展特异性更高的监测 - 可用于评估影响的重要信息 - 交叉验证其他监测活动	- 不适用于直接估计疫病流行率 - 需进一步调查以直接证实或反驳根据数据推测出的事件和趋势
出入境检测	源自以国际贸易为目的的动物检测数据，旨在达到事先商定的标准，从而降低风险	- 可提供存在某些传染性病原的可靠证据 - 证明存在源自感染或免疫的抗体 - 与场群一级基于群体的系统性普查相比，更易于实施 - 数据通常来自具有完善的性能标准的高质量诊断实验 - 可提供关于捕获和迁移野生动物的卫生信息	- 从不同进口国收集的数据可能不同 - 无法代表整个风险群体的疫病状态
疫苗接种记录	动物卫生服务提供方实施免疫的记录	- 评估免疫策略有效性的必要信息，并与疫病监测数据相关联 - 在动物贸易中向进口国提供免疫状况的关键要素 - 设计和审查疫病病例定义的关键信息 - 针对基于风险的监测工作，提供重要的风险因素信息	- 通常未集中到国家一级 - 可能仅依赖声明而不是免疫证据 - 有些国家无此类记录

（续）

数据类型	定义和来源	优 点	局限性和要求
生产记录	从企业处获得的关于动物表现与健康特征的基础信息记录	- 有用的疫病指标 - 有助于记录某地区的疫病状态、评估疫病控制项目或暴发管理是否成功、评估疫病模式的变化、识别新发病以及发现疫病暴发	- 敏感性有限 - 在观察到生产参数发生改变前，就可基于明显的临诊症状识别出感染动物个体 - 每日生产信息比间断收集的数据更有用 - 有时难以获得生产记录
死亡率和死亡动物处置数据	关于死亡损失和死亡原因的数据	- 死亡率突然升高可能表明存在动物疫病 - 对于成功控制和预防传染性疫病至关重要	- 死亡率的不同计算方法限制可比性 - 为确保获得新鲜的组织样本，应在动物死后尽快剖检
动物移动记录	以生产和贸易为目的的动物调运记录	- 对于监测和控制多种动物疫病至关重要 - 有助于管理食源性疫病的暴发 - 为风险分析和基于风险的监测提供有价值的信息	- 数据必须快速可用、易于获取并格式适当，以有利于进行流行病学分析 - 在发展中国家，数据往往以群体而非个体为单位 - 成本
群体数据	群体数量和估计值，可包含畜群结构等群体信息、生产参数、野生动物捕获量统计数据、市场和贸易信息等	- 群体数据对于规划和解读监测工作至关重要 - 对于野生动物，群体数据是体现动物卫生状况的指标 - 准确估计群体规模和结构是制定有效疫病控制策略的关键信息	- 各国收集数据的方法不尽相同 - 可能缺乏有关季节性放牧和游牧畜群的数据 - 如使用基于样本的估计方法，则样本量和抽样框会影响精确性 - 关于家畜群体的信息经常不完整，也可能不可靠 - 对于野生动物，仅提供群体规模的估算或指标
基于媒体[报刊、广播和电视等传统媒体；互联网等电子媒体；脸书（Facebook）等社会媒体]的监测	传统媒体（报刊、广播和电视）、电子媒体（互联网）和社会媒体（如脸书等）	- 疫病风险增加的早期预警 - 事件识别 - 疫病模式和风险行为的变化 - 快速	- 通常是未经组织和证实的信息 - 不适用于估算经典定量指标 - 无法取代传统动物卫生监测组织和机构生成的信息

4.4.1　通报（Notification）

定义

通报是由生产者、兽医、动物园管理者和其他有关人员（如野生动物管理机构工作人员、大学科研工作者、狩猎者、村长、兽医辅助人员等）所做的临诊疫病观察报告，还包括由公共卫生机构通过正式疫病报告渠道，给兽医机构提供的实验室检测结果或人兽共患病调查报告。

优点

- 提供某国在特定时间点报告的疫病"快照"；
- 如连续收集，则可提供有关某国疫病报告史的信息；
- 如结合其他地区、全球或贸易伙伴的通报，可提供有关疫病传播模式的信息（文本框4.1）；
- 在偏远、资源匮乏或被忽视的地区，可能是唯一的疫病数据来源；
- 提供关于某国存在哪些疫病的信息。

局限性

- 应在相关法规中规定需通报的完整疫病列表，该列表通常基于OIE法定通报疫病名录；
- 对于未在表中列出的疫病（如新发病或重新出现的疫病），报告的数量很有限；
- 高度依赖基础动物卫生系统的稳定性；
- 通报数据会有许多形式的偏倚，不适用于大多数流行病学或经济学分析。

文本框4.1

世界动物卫生信息数据库（World Animal Health Information Database, WAHID）：

- OIE收集成员所有动物种类法定通报疫病的发病信息，并将其汇总于世界动物卫生信息数据库（WAHID）；
- 迅速、便捷地按国家/地区、疫病和年份生成疫病报告；
- 生成世界疫病发生地图，提供世界疫病概况以及每年疫病状况的变化；
- 迅速比较不同国家的疫病信息，并列出国际贸易中需考虑的潜在危害。

其他注意事项

OIE成员有义务向OIE通报名录疫病疫情。通报系统由早期预警系统和监视系统两部分组成。早期预警系统向OIE成员发送相关流行病学事件的警报，监视系统主要监测是否存在OIE名录疫病。紧急通报标准详见《OIE陆生动物卫生法典》第1.1章。

畜主报告法定通报疫病后，如需扑杀家畜，应给畜主提供经济补偿，这样可提高其报告积极性，但也可能造成过度报告。而处罚未报告行为，则会使畜主、野生动物管理者、狩猎者与兽医机构之间的关系复杂化。此外，疫病报告可能会影响市场价格以及动物的运输和销售，潜在的疫病控制项目可能会给野生动物群体带来风险，这些因素通常都会给报告工作带来负面影响。如疫病报告未得到兽医机构的支持性反馈，常会发生严重漏报的情况。

4.4.2　屠宰厂监测（Slaughterhouse/abattoir surveillance）

（详见第5章）

定义

对屠宰厂畜禽进行系统性监测，以期找到有关疫病或残留的证据。

优点

- 有助于保证食品安全，降低疫病在畜禽产品中的传播风险；
- 可提供有关疫病流行率和发病率的信息，并可能及早发现新疫病或新发疫病；
- 有助于对各种疫病和风险因素（如人力资源、样本获取、常规数据收集等）及时进行成本效用分析；
- 可在同一地点收集各种动物的数据。

局限性

- 必须追踪动物来源，以迅速控制危害，并从源头采取控制措施。为此，需建立良好的动物身份识别系统和高质量的屠宰链；
- 来源群体不能代表整个风险群体，将数据及结果分析和解读推广至群体一级时，需格外慎重，因屠宰厂通常仅处理用于人类消费的动物，在许多国家，主要涉及年轻且无临诊症状的动物；
- 无法获得在农场就地屠宰的动物数据；
- 鉴于死亡动物通常不送到屠宰厂，因此无法调查高死亡率疫病。

其他注意事项

屠宰厂监测主要涉及动物传染性疫病和食品安全问题，重点关注人兽共患病和公共卫生，还可关注具有重大社会经济影响的动物疫病（文本框4.2）。

通常会对所有动物进行宰前和宰后基本检验。由于屠宰厂每天加工的动物都来自不同产地，因此，可随机或系统性地选择采样日期和收集数据日期。

虽然按照《OIE陆生动物卫生法典》的规定，野生动物很少由屠宰厂捕获和处理，但在许多国家，狩猎者会将死亡的野生动物送至有许可证的加工场所进行宰后检疫。

文本框4.2

屠宰厂监测工作举例：

- 样本采集
  - 系统性抽样和药物残留检测或血清学检测
- 宰前检验和宰后检疫
  - 发现新发疫病或外来疫病（如2001年在英国暴发的口蹄疫）
  - 发现地方性疫病（如牛传染性胸膜肺炎、牛结核等）
  - 发现食品安全问题和人兽共患病
- 产品检测和基于现场的诊断试验
  - 食品安全
  - 地方性和流行性疫病的检测

通过监控屠宰厂处理的畜禽可收集监测数据，同样，也可在狩猎加工场所收集野生动物数据。

4.4.3　狩猎者及其他人员参与的野生动物监测（Engagement of hunters and others in wildlife surveillance）

定义

由接触野生动物的人群收集样本或数据，包括野生动物工作者、野生动物保护者、狩猎者以及野生动物活体、肉品或其他产品交易市场的工作人员。

优点

- 可发现人兽共患病（如炭疽、牛结核、布鲁氏菌病等）、对经济和贸易有重大影响的疫病（如禽流感、口蹄疫、经典猪瘟、慢性消耗性疫病等）或影响生物多样性的疫病（如壶菌病、白鼻综合征等）。接触野生动物的人员通常最先观察到并报告在野外患病或行为异常的动物，还可能观察到异常病变，并提交样本进行诊断评估；
- 有助于监测流行率较低的野生动物疫病；
- 可通过观察"可疑"动物并提交诊断用组织样本，协助研究人员保定野生动物并采样，增加为监测系统收集的样本量。

局限性

- 样本质量有时低于家养动物的样本；
- 通常难以获得关于来源群体的基本信息（如群体统计数据、分布、密度、活动范围等），或没有此类信息；
- 对这些数据进行统计描述时，需考虑因抽样偏倚和参与激励制度所导致的抽样异质性（如在时间、地点、采样动物种类、种内群体特征等方面）。

其他注意事项

经常接触野生动物的人员有很多，如野生动物和自然学家、野生动物保护官员、户外活动者、生物学家、狩猎者等。

OIE成员负责针对OIE名录疫病和感染开展监测，并实施相应的卫生措施。对于家畜家禽，因为有法规、资源和强制措施配合，所以监测和控制名录疫病可能相对较为容易。而野生动物尽管对许多OIE名录疫病易感，但难以对这类动物进行监测和控制（文本框4.3）。

文本框4.3

依靠狩猎者的监测项目所面临的挑战：

- 捕捉野生动物和活体采样会非常困难、危险和昂贵；
  - 无法确保能再次捕获以进行跟踪检测或后续治疗
- 经批准可用于家养动物的诊断试验在野生动物中的应用效果很少经过验证；
  - 大多数野生动物疫病诊断试验的敏感性和特异性未知
- 为获得充足的样本量以证明无疫或疫病随时间发生显著变化，成本往往很高；
- 野生动物疫病管理和控制面临资金、政治和资源等方面的挑战；
- 在公众对政府强制干预措施比较反感的地区，大规模扑杀感染和暴露动物会遭到公众的强烈反对，导致无法实施扑杀措施；
- 猎人很少接受过专业培训，不具备相应技能，难以通过查看动物胴体发现疫病症状；
- 野外作业的猎人在获得新鲜样本后，很难保证将样本妥善保存并运送到实验室。

依靠强制猎人提交样本的监测在执行上难度较大，通常不可能实现或

必须逐步实施。例如，在北美洲，猎人通常是自愿参与疫病监测系统。而在欧盟国家，出售猎物肉品的猎人必须通过一些检验来保证产品的安全性。尽管对猎人自发送样的效果看法不一，但事实证明在某些情况下是有效的。为保持狩猎团体的积极性和参与度，有必要持续开展宣传教育活动，并相应采取奖励机制。目前有一些持续运行的野生动物监测网络实例，如法国的SAGIR网络、刚果和加蓬共和国的野生动物死亡率监测网络等。还有一些监测网络可提示新型疫病，收集大量野生动物病例数据，并监视若干重要的濒危物种。

狩猎者送样偏倚和局限性举例

狩猎行为一般有季节性且针对特定的动物种群。因此，猎人提供的样本无法代表整个野生动物群体，会因狩猎性质而导致偏倚（文本框4.3）。例如，Boer等发现，在加拿大新布伦瑞克省，相比初生鹿犊和成年鹿，更容易捕获1岁和2.5岁左右的麋鹿；在发情季节，雄鹿比雌鹿更易捕获；在公路状况良好的地区，捕获率最高。在北美洲，开展了许多针对野鹿和驼鹿群体慢性消耗性疫病的监测项目，有针对性地采集临诊疑似病例（在一些地区还采集死于车祸的动物样本），还可采取区域群体间沙坪策略（针对确诊病例附近的群体）、猎人自愿送样等方法，均有助于提高样本量和数据质量，将样本收集时间扩大至全年任何时期（而狩猎活动往往有很强的季节性），并可更加及时地将样本提交至实验室。在一些国家和地区，猎人不信任野生动物管理者，或为了生存而非法捕猎，这些问题会使结果偏倚更大。在这种情况下，开展教育活动以加强对疫病显著症状的认识，可有助于提高报告率。

与任何监测系统一样，在设计基于狩猎者或其他形式的野生动物监测系统时，应根据地区的特定需求，同时考虑可用资源和预期结果。此外，对野生动物疫病的了解程度、狩猎团体对野生动物管理者或兽医机构的信任程度等因素，都会影响基于狩猎者的监测系统的设计与实施。

4.4.4　虫媒监测（Vector surveillance）

定义

对可传播病原体的节肢动物群体的监测。

优点

- 有助于增进对虫媒生态学的理解，以绘制风险传播地图并定义风险时段；
- 有助于评估虫媒病原传播的风险。

局限性

- 应选择符合监测目标的捕虫陷阱类型（trap type）和抽样框

（sampling frame）；

- 耗时且需训练有素的人员，尤其是针对分类不确定的虫媒群体；
- 捕虫陷阱的数量应能满足标准统计学方法的分析要求，以确保监测敏感性。

其他注意事项

尽管对于很多虫媒病来说，虫媒病原的传播路径可能不是唯一路径，但大多数传播都发生在虫媒活跃且数量众多的时期，而在虫媒活跃末期，传播会迅速停止，诸如裂谷热、蓝舌病、蜱源脑炎等疫病的观察结果均显示出这一点。在虫媒病暴发初期，发现虫媒活动通常比监测病原传播容易。充分了解虫媒生态学就可绘制出虫媒栖息地地图，确定与虫媒活动相关的环境条件（生物气候学）。由此，可将虫媒监测的重点放在高风险传播地段和时段。

虫媒监测适用于以下情况：

（1）增进对虫媒生态学的了解，以绘制风险传播图并确定风险时段

- 虫媒群体在空间和时间上的分布或密度，如舌蝇在非洲的分布；
- 根据土地覆盖或土地用途划分的虫媒物种多样性；
- 季节性变化和群体动力学，包括生物气候学。

（2）检测是否存在虫媒群体或证明无虫媒群体

- 在情况不明的地区检测外来虫媒物种，如在白纹伊蚊地方性流行区域的毗邻地区进行白纹伊蚊监测；
- 评估虫媒控制项目，如在20世纪90年代消灭舌蝇后，在桑吉巴地区进行的舌蝇监测；
- 监测耐杀虫剂基因在某一虫媒群体中的扩散情况，例如对于传播疟疾的蚊子，可通过敲除耐药基因来控制蚊子体内的除虫菊酯耐药性。

（3）评估虫媒病原传播的风险

- 基于虫媒群体病原检测的早期预警系统。已针对多种病原体试验了此类系统（如非洲猪瘟病毒、小泰勒虫、疟原虫、登革热病毒、西尼罗病毒等），但常规监测中的应用实例很少（见下文）；
- 评估虫媒丰度（vector abundance）。此类信息可用于估算触发流行病的虫媒丰度阈值。例如，2006年欧洲出现蓝舌病毒后，欧洲法规要求在感染地区执行库蠓监视。季节性无虫媒期的定义标准包括"捕获的库蠓品种经证实或疑似为某流行病学相关地区存在的蓝舌病毒血清型的媒介，但捕获的数量低于流行病学相关区域规定的最大虫媒丰度阈值。当无充分证据支持最大阈值的划定时，则要求必须完全找不到库蠓属（*Culicoides imicola*）样本，且每个诱捕器内的经

产库蠓数量小于5只。"

虫媒监测面临的挑战和具备的优势很好地体现在北美洲西尼罗病毒（WNV）虫媒监测上。1999年，在纽约暴发西尼罗病毒感染后，有关方面实施了蚊子监测系统，收集成年蚊子，识别种类，并就其是否携带病毒进行筛查，然后将数据用于计算WNV活动的量化指标。如捕蚊活动较为密集，则可能会早于其他监测手段发现病毒，并有助于识别可能作为媒介的蚊子品种。然而，蚊子监测耗费大量人力和财力，需要许多专家收集、处理、整理蚊子，进行品种鉴定和病毒学试验。虽然对野外收集的虫媒进行病毒检测可提示该虫媒是否参与病毒传播，但不能作为证据。只有在不同条件下重复出现阳性试验结果，才能作为有力证据。与基因组检测相比，病毒分离是更好的指标，因其可证明昆虫能携带活病毒，但也需通过实验室检测，证明虫媒携带病毒的能力。

4.4.5　间接指标（Indirect indicator）

定义

由疫病过程或与疫病相关的风险因素产生的疫病替代指标。

优点

- 可比传统监测系统更早地发现疫病暴发，从而提高时效性（预诊断指标）；
- 可提高敏感性，并在补充性监测工作中引导基于风险的方法；
- 提供一个观察群体动物卫生状况的新视角，以验证来自其他监测工作的信息；
- 可作为评估疫病影响的关键信息。

局限性

- 样本非随机或不具代表性，需谨慎解读结果；
- 不适用于对疫病流行率直接定量；
- 仅限于早期识别某一群体疫病状况的"疑似"改变；
- 需进一步开展调查，以直接检测由间接数据提示的事件。

其他注意事项

间接指标包括非处方药物（文本框4.4）和疫苗的销售情况、育肥场圈舍管理员使用的疫病编码、兽医临诊记录、临诊历史和实验室提交的常规表格中可用的其他信息。

药物销售（文本框4.4）和疫苗销售的变化趋势可提示重要的疫病和流行情况变化。基于动物卫生目的的疫苗销售尤其值得关注，因为疫苗一般都针对特定疫病，可反映出生产者和动物卫生专业人员对特定疫病流行和影响的看法。

法国试行的 Emergences 系统以发现牛的新发病为目标，主要针对可提示出现新发疫病的"非典型"综合征。参与该系统的兽医仅需通过网站报告异常综合征，随后针对重要的综合征开展进一步调查，以确定是否为新发疫病。

文本框4.4

药物销售监管：

监管系统需要什么?
  – 监管良好、协调统一的制药业
  – 全面、及时并高度完整的可用数据
  – 可识别所有受监测产品的方法

有何挑战?
  – 数据缺乏特异性
  – 药物的采购可能会受到媒体的巨大影响

有何收益?
  – 药物销售可能极度敏感，可为即将发生的问题提供早期预警指标

加拿大阿尔伯塔省的"阿尔伯塔兽医监测网络（AVSN）"承担着本地家畜和家禽的疫病监测任务。AVSN系统覆盖面较广，并能通过多种方式观察畜禽，包括可报告疫病项目和数据收集系统。以国际认可的诊断试验为基础的疫病筛查项目可提供经验证的疫病数据，如疯牛病（BSE）监测。通过基于互联网的"兽医实践监测（VPS）系统"，也可收集多种畜禽疫病的间接指标数据。例如，从2005年起，AVSN网络就在运行针对牛的兽医实践监测系统。牛病兽医在一个严格授权的互联网网站上，自愿输入其工作范围内关于牛的全部数据，这些数据随后被传输到AVSN数据库，用于监视异常的疫病事件（如疫病状况描述、异常情况或暴发等）。AVSN网络具备迅速启动调查的能力，以确定监测系统发现的事件是否为潜在的新发病或重大疫病。

4.4.6 出入境检测（Import and export testing）

定义

国际贸易要求的动物检测数据。

优点

– 可证明动物未与特定传染性病原或疫苗接触；

- 可证明动物免疫后达到最低免疫力水平（如对进口的家养食肉动物进行狂犬病免疫后的免疫力检测）；
- 与有组织的养殖场大规模群体普查相比，更易实施；
- 数据通常来自性能指标设计良好的高质量诊断试验；
- 可提供难得的良机，观察和采集被捕获并被迁移至濒临灭绝或已灭绝地区的野生动物的卫生信息。

局限性

- 不同进口国收集的数据可能不同；
- 无法代表风险总群，但可能提示某一动物生产系统的疫病状况；
- 仅提供补充性信息，可纳入国家疫病信息系统，用以解释监测结果；
- 可能缺乏可用于野生动物的有效诊断试验。

其他注意事项

进口国可利用入境检测结果，要求出口国完善出境检测。入境检测结果也可用于进口风险评估（import risk assessment）。

入境检测虽然基于明确的随机抽样，但只代表用于出口的群体，所以不能用此检测结果来推断总群状态，可使用更具代表性的抽样框来追加抽样和检测。

4.4.7　疫苗接种记录（Vaccination record）

定义

动物卫生机构实施免疫的记录。

优点

- 可结合疫病监测数据，为评估免疫项目的效果和免疫策略的实效提供关键信息；
- 是动物贸易中向进口国提供免疫状态的关键因素；
- 为设计和修订疫病病例定义提供关键信息；
- 为基于风险的监测提供有用的风险因素信息。

局限性

- 疫苗接种记录往往未集中到国家一级；
- 可能仅依靠口头声明而非疫苗接种证据；
- 一些国家或地区没有此类信息；
- 疫苗接种记录作为动物贸易关键要素的实例：
  - 希望借助免疫来恢复出口资格，例如，意大利在2000年暴发H7N1亚型低致病性禽流感后，通过疫苗免疫（H7N3疫苗）和DIVA鉴别诊断试验，于2001年恢复了禽类出口资格；

- 作为进口国从疫区进口动物的卫生屏障（免疫或非免疫证明），例如，宠物进出口可能强制要求免疫狂犬病疫苗，从西尼罗病毒感染国进口的马匹必须有免疫证明等。
  - 记录疫苗接种数据的原则包括：
    - 可追溯接种和未接种的动物；
    - 可追溯疫苗批次信息，跟踪疫苗不良事件；
    - 难以检测疫病流行率时，可用于间接评估疫病变化情况；
    - 可用于评估预防措施对动物生产性能的影响。

4.4.8　生产记录（Production record）

定义

收集动物性能（animal performance）和卫生状况（health characteristics）等基本信息的企业记录。

优点

- 可有效提示畜群发生温和或非特异性临诊症状疫病；
- 适用于多种监测目的；
- 可协助记录地区疫病状况、评估疫病控制项目或暴发管理的效果、评估疫病模式变化、识别新发疫病、检测疫病暴发等；
- 按照生产周期评估多种生产参数，可提高发现生产参数和疫病状态变化的敏感性和特异性。

局限性

- 敏感性有限：生产参数变化可能无法用于识别仅影响畜群中少数动物的疫病；
- 生产参数发生变化前就可依据明显的临诊症状，识别感染动物个体；
- 每天收集生产信息比偶尔收集更有利于开展监测工作；
- 不同生产系统的生产记录之间无可比性；
- 有时难以获得生产记录。

其他注意事项

监测工作的成功主要取决于场群内家畜总数和追溯动物来源群的能力。如动物总数已知，就可计算出场内受某一问题影响的动物百分比（见第4.4.11节）。动物个体唯一的身份标识有助于准确获取记录保存系统中的相关信息，并回溯到动物个体，以进一步评估。

因为生产系统之间存在差异，所以比较场群间的部分生产参数并无意义。例如，放牧场群的奶牛日产量可能低于圈养场群。在估计疫病对这些场群的潜在影响时，必须考虑到这些差异。相反，比较同一场群中奶牛日产量随时间的变化可能有助于疫病检测。

4.4.8.1　生产参数变化

多种因素可引发生产参数变化，其中包括正常变化。数据采集、输入或简单的计算错误都会导致生产参数错误。涉及群内大多数动物的事件可能会导致生产发生巨大变化，此类事件包括暴露于毒物和其他掺杂物、饲料质量或数量的改变、供水不足、未能维持封闭饲养系统适宜温度等。缺乏饲料和饮水或舍内温度变化易于识别，但临诊症状较轻微的疫病暴发或暴露于毒物可能不会立刻显示迹象。

4.4.8.2　生产记录和生产参数的类型

畜牧业往往使用不同的生产记录，并根据产品计算生产参数（如牛肉千克数、鸡蛋孵化率等）。每个生产单元的产量很容易计算，既可作为衡量效率的指标，又可有助于监测工作。乳品和家禽产业的优势在于，测量特定生产参数的时间间隔极短，如日产奶量、日产蛋量等。而对于肉牛和肉猪生产，由于生产参数测量时间间隔较长（如出生体重和平均断奶体重），可能不易观察到生产中发生的变化。低强度畜牧系统生产记录的实际效用还受到数据收集频率的限制，如北美西部的繁殖育肥场或野生动物群体。然而，收集关于群居织巢鸟筑巢成功率或猎鹿成功率的数据，可提供野生动物群体长期卫生状况的有效信息。

4.4.8.3　获取生产记录和计算生产参数

获取生产记录有时可能比较困难。与计算机系统相比，从手写的记录保存系统中抽提数据通常比较费力。如未定期评估生产参数，即使信息已提示显著变化，也可能难以发现疫病造成的影响。生产者或其他参与生产参数评估的人员必须知道如何使用各种计算机记录系统，了解生产参数计算的基本概念。如比较多个场群的生产参数，必须考虑到计算中使用的数据和方法。例如，计算断奶百分比既可用断奶犊牛数除以配种过的母牛数，也可用断奶犊牛数除以成活犊牛数，但用这两种方法计算出的参数无可比性。此外，参数的编辑和比较需使用统一的度量单位。

4.4.9　死亡率和死亡动物处置

定义

有关死亡损失或死因的数据。

优点

- 死亡率突然升高可能表明存在动物疫病；
- 确定和准确记录死因对成功控制和预防传染性疫病、进一步评估动物群体卫生状况至关重要。

局限性

- 无法比较采用不同方法计算的死亡率（大多为百分比）；
- 动物死后应尽快剖检，以确保获得新鲜组织样本。

其他注意事项

一些疫病会在同一时间引起多个动物死亡，有时难以迅速查明死亡原因，对这些动物实施剖检有助于确定病原。剖检操作人员需了解被检动物品种的常见病和可能出现的人兽共患病。畜禽和野生动物常见人兽共患病和病原包括（但不限于）沙门氏菌、弯曲杆菌、狂犬病、结核病、布鲁氏菌病、炭疽、肉毒杆菌中毒、瘟疫、土拉菌病和病毒性出血热（如汉坦病毒感染、裂谷热、登革热、埃博拉病毒感染等）。确定并准确记录死因对成功控制传染性疫病和进一步评估相关动物群体的卫生状况至关重要。此外，处理病死动物胴体的适当方法取决于病因以及国家和地方的有关规定。

需准确判定死因，以评估疫病随时间的变化。例如，经全面剖检后，如仍未查出高死亡率的原因，则可能说明出现新疫病或罕见病。兽医应对这种情况进行彻底调查。经常不计算死亡率，死亡率通常以百分比表示，公式为：（特定时间段内死亡数量除以该场群某日存栏数量）×100%。例如，某养殖场（去年死亡20头动物／今天场内存栏272头动物）×100%=7.4%的年死亡率。确定死亡率的计算方法非常重要，这样才能进行有意义的比较。

虽然剖检能提供关于畜禽和野生动物群体的疫病信息，但剖检死亡动物百分比按动物种类和环境而有所不同。动物死后应尽快剖检，以确保获得新鲜的组织样本。采集新鲜样本有助于保存组织结构，以便确定死因。样本应包括任何具有显著病理变化的器官或组织，病因不明时，还包括建议采集的组织。

大多数病理实验室都会保留剖检分析病例的电子档案。相关地区的实验室可提供有关可用数据类型和访问权限的详细信息。

能否得到新鲜动物胴体主要取决于接触动物的频率和可获得的诊断服务。因此，剖检很少有新鲜、高质量的野生动物胴体。尽管如此，在一些国家，仍有机构定期实施野生动物剖检，并提供关于野生动物死因的数据（如加拿大野生动物卫生协作中心、美国国家野生动物卫生中心等）。

死亡动物有时在确定死因前即被处置。若处置方法可能会导致疫病传播给场内其他动物，则处置方法信息非常重要。例如，疑似因炭疽死亡的动物应被焚烧或埋于地下至少2米深，从而最大限度地降低炭疽芽孢污染环境的概率。常见的畜禽处理方法包括掩埋、废物填埋、焚烧、化制、堆肥化、碱法水解和屠宰。如担心环境污染和扩散，动物处置地点和方法相关信息也可用于确定监测需求。

4.4.10　动物移动记录

定义

以生产和贸易为目的的动物调运记录。

优点

- 对于监测和控制许多动物疫病以及预防某些食源性污染至关重要；
- 可用于控制食源性疫病的暴发；
- 为风险分析和基于风险的监测提供有价值的信息。

局限性

- 数据必须即时可用、易于获得且格式适用于流行病学分析；
- 发展中国家较少有此类数据。

其他注意事项

动物移动登记是动物识别和溯源（animal identification and traceability，AIT）系统的重要组成部分，对成功追溯动物和动物产品至关重要。在很大程度上，及时准确地记录养殖场之间动物移动的能力取决于动物识别方法和向兽医机构申报的程序。有效的动物移动记录系统有助于监测和控制多种动物疫病，以及预防某些食源性污染。

《OIE陆生动物卫生法典》第4.1章介绍了国际贸易中AIT系统的一般应用原则，本指南第4.2节提供了关于设计溯源系统的建议。

记录动物移动的不同方法

如确认暴发了传染性疫病，需首先考虑以下问题：①最有可能的感染源；②是否存在其他来源；③能否向其他场群扩散及如何扩散。为尽快回答这些问题以采取预防措施，能否及时向兽医机构提供有关感染养殖场动物进出的数据具有决定性作用。

根据动物种类、饲养模式和溯源系统的目标，可采用几种不同方法记录动物移动情况。没有任何单一方法能适用于所有情况。同样，对于不同AIT系统的缺陷和疫病特定的流行情况，也不存在单一的解决方案。为提供关于动物来源和去向的可靠数据，应酌情评估所有方法。

动物移动记录系统可分为三类：

（1）以个体（单个动物）为单位的AIT系统

- 例如欧盟的牛记录系统，从动物个体出生到死亡在不同场群间的每次移动都登记在国家数据库中。该数据库由国家兽医机构控制，包括动物进出畜群的日期，还可能包括运输方式和车辆编号。通过该系统可随时追溯所有动物的移动情况，识别可能与某一特定动物接触过的所有动物。即使在动物死后，AIT系统中的个体记录仍然有效，因此可针对食源性疫病追溯到动物个体或畜群。欧盟曾通过该系统管理疯牛病。

- 个体识别还用于监管"移动中动物"的免疫状态，尤其是宠物和马匹。这类动物的国际运输通常要求具备通行证或卫生记录，此类证件包含动物个体身份标识，以及所有免疫接种的疫苗批号和接种日期。

- 唯一身份标识系统为每个动物分配终身唯一的特定标识码。多种标识系统已用于不同动物种类，以确保每个动物具有独一无二的身份标识。此类标识可包括动物个体描述、刺青、耳标、腿带等，还有近期出现的可植入皮下、瘤胃或耳标的电子应答器以及全球定位系统（GPS）或极高频（VHF）项圈等。

（2）以均质批次（群体）为单位的AIT系统

例如欧盟的生猪标识系统，根据动物流行病学单元标记动物群体，通常是动物出生的畜群或地点（如村庄）。登记内容一般包括在流行病学单元之间移动的动物数量、进出日期等。通过这些数据可追溯所有流行病学单元之间的联系，但无法回溯单个动物的移动情况。因此，这种系统最常用于商品链较短的动物种类（如猪和鸡）。

（3）无动物标识的动物移动记录

- 大多数发展中国家均无国家级动物标识和溯源系统。某些个体动物带有标识，可用于确定这些动物以前或目前的所有者，但这类数据不能提供任何关于动物移动或与其他动物接触情况的准确信息，不过在某些关键点上会有动物移动记录。

- 例如，位于塞内加尔与毛里塔尼亚边界上的罗索（Rosso）兽医检查站记录关于所有进出国境动物的信息，包括过境动物的来源、目的地、所有者姓名、物种和数量。其他位于动物移动关键点的兽医检查站也可提供关于动物移动和接触情况的数据。因此，需调查当地有哪些可用数据。

4.4.11 群体数据

定义

群体数量和诸如群体结构、生产参数、市场和贸易信息等畜群基本信息。

优点

- 为了有效解读监测数据，必须定义数据收集目标群体；
- 野生动物群体数据直接用作动物卫生指标；
- 准确估计群体规模和结构对制定有效的疫病控制策略至关重要。

局限性

- 相关基础群体应与监测的目标群相匹配；
- 数据收集方法因国家而异；
- 与固定养殖场相比，放牧和游牧的畜群会被低估；
- 如采用基于抽样的估计方法，在将数据用于社区、村庄等较小行政单元时，必须考虑样本量、抽样框、估算所得结果的精确性和准确性等；
- 发展中国家关于家畜群体的信息经常不完整，有时可能不可靠；
- 仅提供野生动物群体规模的估计值或指标。

其他注意事项

许多国家政府定期实施农业普查，这是最常见的家畜群体数据来源之一。除群体数量和基本统计信息外，此类普查还经常采集畜群结构、生产参数以及市场和贸易等数据。

为有效解读监测数据，必须确定采集数据的目标群体。需了解目标群体的规模（即"分母数据"），以便将"分子数据"（一般为特定疫病的病例数）正确填入表格（表4.2）。例如，X区记录了100例某疫病病例，而相邻Y区记录了1 000例该病病例，在假定Y区疫病负担更重之前，必须首先调查各地易感群体规模、动物管理系统、品种等背景资料。此外，确定监测群体后，在进行任何推断前，应考虑样本对于该群体的代表性。例如，从一组实验室样本中得出的某疫病阳性率，可能不等于该病在整个群体中的流行率。野生动物群体数据也用于评估疫病对某一群体的短期或长期影响。

表4.2　达到监测目标所需的群体数据

目的	数据要求	
	分子数据 （"病例"数）	分母数据 （所关注的易感动物群体）
证明疫病存在	√	
证明疫病不存在	√	√
估计疫病的流行率	√	√
估计疫病的发病率	√	√
风险因素研究	√	√

群体数据既可以是某一特定生产系统中的动物数量（如奶牛），也可为特定动物种类或符合特定条件的动物数量（如包括反刍动物和猪科动物在内的口蹄疫易感动物）。根据监测目标，数据收集和分析单位可为动物个体、场群或村庄。还需确定相关地理区域的边界，如一国内的某一区域、整个国家或若干相邻国家。此外，所关注的群体可能是某一特定亚群，如

采样送检或送至屠宰厂加工的亚群等。

野生动物管理者一般都希望了解不同因素（包括疫病）对野生动物群体的影响，以判断是否需要进行管理和何时进行管理，以及开展预防干预工作的时机，确定可行的预防或缓解措施。例如，对于水禽、鹿等狩猎动物，管理者应了解可接受的猎杀极限，以维持群体规模，确保野生动物不会因长期狩猎而绝种。对于濒危物种，管理者和科学家希望确保群体规模不断扩大，避免灭绝。在新疫病侵入野生动物群体时，管理者可能希望了解该病对群体规模的影响，以便就是否干预及如何干预做出正确决策。在某些情况下，可能无需或无法进行疫病管理，但可通过管理群体的其他影响因素，抵消疫病的影响（如修改狩猎条例、限制人类活动、限制出入野生动物重点栖息地等）。

群体数据来源（文本框4.5）

不同国家的普查方法会有所不同，主要取决于资源可用性、农业重要性和机构传统等。自1950年以来，联合国粮农组织（FAO）与成员合作，定期开展全球性的农业普查，以扩大覆盖面，提高一致性，改进食品和农业统计数据的质量。

文本框4.5

监测协调员可使用的群体数据来源：
- 农业普查
- 各级政府部门
- 畜牧业
- 野生动物专家和主管部门
- 互联网，如全球家畜生产及卫生图集（GLiPHA）
- 大学和科研机构
- 兽医诊所和实验室（通常拥有关于次级群体的数据记录）

"农户"是数据表的标准单位。尽管在公共放牧区或轮垦休耕地上放牧的动物可能也是重要的监测对象，尤其在发展中国家，但许多农业普查均未将其包含在内。因此，除非在设计时有特殊规定，否则一般的农业普查往往会低估放牧和游牧畜群。

发展中国家由于资源有限，通常会用其他方法获取这类信息，尤其是非洲国家，其中包括低空航拍调查。该方法最初用于野生动物计数，目前已用于估计畜群数量。将这些方法与地面调查方法结合使用，可评估从大型反刍动物和单胃动物到家鸽和蜂等多种物种。通过这种直接计数法得到的结果，可能会与养殖户反馈的传统普查结果截然不同。

另一个有价值的群体数据源是全球畜牧业信息系统（GLIS），由联合国粮农组织动物生产及卫生司开发。该系统对畜禽数量和产品的地理位置解析数据进行整理和标准化处理，并公布在粮农组织网站上，供公众查询。如数据不完整或空间资料不够详细，则根据类似农业生态区的家畜密度以及环境、群体资料和气候变量之间的经验关系，估算家畜数量。还有一个数据源是OIE世界动物卫生信息数据库（WAHIDA）[3]，可从中获取有关疫病的时间和空间信息。

采集野生动物群体数据面临以下挑战：

（1）野生动物难以计数

由于野生动物通常比较隐蔽，因此很难发现并计算患病和死亡的野生动物。确定和计算风险群体以及估计其流行率、死亡率和群体影响等工作的难度更大。尽管几乎不可能获得野生动物群体的真实"普查"结果，但可通过"捕获-再捕获"方法，有效估计可满足监测目的的群体数量。一般须依赖于群体规模的估计值或相关指标。

（2）野生动物群体动态的时空变化

野生动物群体可因出生、死亡、迁徙和移居发生巨大变化，因此，群体总数（"分母"）和构成都是动态的。对于迁徙动物，特定区域里的"分母"每天都可能迅速变化。需了解此类野生动物所处的迁移阶段（如在迁徙途中、越冬地或繁殖地）、来源地（以确定可能的疫病来源）及目的地（以确定疫病潜在的扩散范围）。

（3）野生动物群体估计值可能存在偏倚

在发现和计算患病或死亡野生动物方面会存在偏倚，在估计群体规模、年龄、社会结构以及其他模拟群体动态所需的变量时也会存在偏倚。不过，越来越多的统计模型可用于推导流行率趋势。

（4）非致命作用与发病率和死亡率同等重要

引起大规模死亡和明显疫病的野生动物病原体会对群体产生短期和长期影响，并可能导致规模较小的群体或濒危物种灭绝。此外，可直接或间接降低生产性能的病原体，即使没有导致野生动物明显的临诊症状或不致死，也会造成严重的种群调节、受限或衰亡。因此，尽管发病和死亡动物的数量以及风险群体的数量（分母）都是非常重要的信息，但不足以评估疫病的长期后果。

所有估计群体数量的方法都有两个基本假设，但这两个假设非常难以

3　web.oie.int/wahis/public.php?page=home

实现：①在数据采集期间，群体数量保持稳定；②群内所有个体被发现和计数的概率相等。如调查可在短时间内完成，并能估算不同群体的相对检出概率（如不同年龄或性别、处于空旷地带或植被覆盖地区的动物等），则可将对假设的违背程度降至最低。

群体指标（population indices）不是对群体丰度的估计，但与丰度相关，常用于监控群内变化或比较群间差别。群体指标包括粪便计数、痕迹计数、陷阱相机记录计数、声音计数、毛发样本计数、每小时观察到的鸟类数量、每100个诱捕夜捕获动物的数量、狩猎者年猎杀数量等。群体估计值的准确性通常未知，精确性会随应用的技术而有所差别（文本框4.6）。置信区间较宽的方法仅能发现群体规模随时间的重大变化，检出不明显的变化应尽量采用置信区间较窄的精确方法。使用以千米为单位的丰度指标可提高估计的精确性和准确性。结合使用不同技术也可提高估计的准确性。无论采用何种方法，均应以相同方法（偏倚程度相同）进行群间比较或跟踪动物群体随时间的变化。

文本框4.6

现场估计野生动物群体规模的方法：
动物、巢式、粪便和毛发样本计数
- 可在陆地、空中或水中实施
- 基因分析可计算个体数量
- 应用工具包括：
  - 航空拍摄
  - 雷达
  - 热扫描仪
- 围猎计数
- 分级计数
- 样带采样（transects sampling）或间距抽样（distance sampling）

标记-再捕获（mark-recapture）
- 假设在从群体中捕获的个体样本中，被标记动物的比例可代表群体中被标记动物的实际比例

4.4.12 基于媒体的监测

定义

筛选从通信媒体获得的信息和数据。

优点

– 可对增加的疫病风险进行早期预警；

– 在识别具有新闻价值的事件方面最有用，如罕见病、死亡或大规模疫病暴发等；

– 可提供传统监测系统无法观察到的群体状况；

– 可在世界范围内迅速传播有关新疫病或疫病变化的风险信息。

局限性

– 信息经常未经整理和证实，因此无法用于检测疫病数量或记录辖区或地区的无疫状态；

– 无法取代由传统的动物卫生监测组织和机构生成的信息，但可起到补充作用。

其他注意事项

基于媒体的监测（文本框4.7）可人工搜索不同媒体，也可利用计算机应用软件自动搜索互联网上公布的数字媒体，还可结合使用这两种方法。这些数据可用于早期识别预示群体疫病状况出现显著变化的重要疫病事件，如疫病暴发或大流行。

文本框4.7

基于媒体的监测项目实例：

ProMED（新发疫病监测项目，Program for Monitoring Emerging Diseases）

– 首个基于媒体的大规模监测

– 信息来源包括媒体报道、官方疫病报告、在线汇总、地方观察员报告等

– 报告人类、动物和植物疫病暴发

GPHIN（全球公共卫生情报网，Global Public Health Intelligence Network）

– 由加拿大公共卫生局（Public Health Agency of Canada, PHAC）和世界卫生组织（WHO）联合研发的应用软件

– 每15分钟检索新闻汇总中的相关新闻报道

– 健康地图（Healthmap）

– 免费的实时监测平台，可整合并报告新发和正在发生的传染病疫情暴发

– 报告人和动物疫病暴发

WDIN（野生动物疫病信息网，Wildlife Disease Information Node）
- 基于互联网的监测和报告系统
- 由野生动物资源管理者、动物疾病专家、兽医、公共卫生工作者及其他自发提交野生动物疫病、死亡事件等信息人员组成的广泛网络

由政府部门、国际疫病报告机构和诊断实验室网络负责管理的现有疫病监测系统在地理覆盖范围上存在很大缺口，尤其是对经济价值较低的动物。互联网媒体和传统媒体中包含关于疫病和风险因素的非正式讨论和新闻报道，主要来源于公众、生产者、卫生服务提供者等。这些媒体中有关疫病的海量信息可能无法通过传统的监测系统获得。

列表服务器、社交网站和维基百科的帖子通常来自近距离接触患者和患病动物的人员，这些信息很及时，因为常在疫病事件发生时或不久后便发出，而疫病控制机构通常尚未收到通报，诊断实验室也尚未参与检测，甚至尚无人联系卫生服务提供者。

基于媒体的自动化监测是自21世纪初技术发展而产生的新兴技术。

例如，谷歌流感趋势（Google Flu Trends，www.google.flutrends）是一个基于网络的应用程序，在人们使用谷歌搜索引擎查找流感样疫病的信息时，可自动记录检索人所在位置，并自动汇总和计算特定检索条目。该系统可监测官方公共卫生领域之外的数据，已在美国显示出对流感样疫病状况变化的良好预测能力，可早于传统公共卫生监测系统1~2周做出预测。

计算机和信息技术的迅速发展已使互联网成为沟通的主要载体。人们在互联网上创建并传播海量数据，还发展形成了自动处理和分析这些数据的技术。支持基于媒体监测的技术包括自动拼写检查程序、文本分级器、自然语言处理方法、事件探查方法和数据挖掘技术（如贝叶斯神经网络、无监督聚类识别等）。

在基于媒体监测的成功背后是高度先进的技术和设备。然而，即使资源有限，也可利用此类监测提供信息并生成早期预警。通常只需连接到互联网，如今互联网越来越普及，而基于媒体监测的成本也越来越低。

基于媒体的监测最初为人类疾病事件的早期预警而研发，可作为动物疫病事件有效的早期预警监测系统。互联网是养殖者与动物卫生服务者的主要交流工具之一，从中提取信息的方法与用于人类疾病的方法相同。

5　工具和应用

5.1　监测策略的应用

5.1.1　发现疫病

监测系统既可用来发现某种特定疫病的存在［如牛海绵状脑病（BSE）、布鲁氏菌病或狂犬病等］，也可用于发现非疫病特异性的异常健康状况。在这两种情况下，均需系统地不断收集、记录和分析数据，并将这些信息提供给兽医机构，以便其采取适当行动，控制疫病传播。

被动监测是OIE所有成员动物疫病监测的基本方法，监测工作由国家依法建立的兽医机构负责。检测新发或再发疫病的监测系统在本质上通常是被动监测(详见第5.2.5节)，以监测某特定疫病或综合症状为目标。大多数国家/地区都有需报告的法定疫病清单，但报告也可为自愿报告。被动监视系统很少能收集到无症状的数据。与主动监测系统相比，由于漏报、亚临诊疫病(影响敏感性)和非特异性临诊症状(影响特异性)等问题，被动监测系统既不具高敏感性，也不具高特异性。但被动监测对于新发事件的早期预警和快速应对具有至关重要的作用，因为被动监测系统依赖的是农场主和兽医师所提供的信息，而他们实时地关注整个动物群体。高致病性禽流感(HPAI)就是一个很好的例子，通过对禽场主们进行培训，显著提高了被动监测系统的敏感性。

针对特定疫病的主动监测(见第5.2.6节)也可设定特定的目标，目标包括样本量、采样群体、采样地点与采样频率等。疫病流行率阈值和置信区间应根据检测方法的特点(敏感性、特异性)和预期检出率(监测系统敏感性)来设置。制定预算主要基于所需的样本量和诸如样本收集、检测、数据整理等具体操作成本。特定疫病的监测通常仅限于后果严重的地方性流行病、已根除疫病或影响大的外来动物疫病。

监测某特定疫病如疯牛病，需选择样本量或基于风险的监测原则(如疯牛病监测点)，以保证在指定的置信区间内检测疫病。OIE在现行疯牛病监测指南中，强调开发以从高危亚群中获取高质量样本为重点的系统，而不是随机选择动物群体，将监测有效地针对出现符合疯牛病临诊症状风险最高的动物亚组，使整个监测系统更具成本效用。另外，可设计一个特定疫病的采样系统，用以监测非地方性流行病或新疫病，或用于检测与环境或毒性事件相关的动物卫生问题。

一个特定疫病监测系统可被修订并开发为发现新疫病的监测系统。设计监测系统时需考虑其灵活性，这样可迅速调整基础模块，以适应流行病学上类似的疫病。如屠宰厂、实验室、畜禽市场、生产者或现场动物卫生人员等，均可作为监测数据来源。监测的基础设施包括采样人员、采样协议（采样单）、提交样本和数据系统的流程等，必须保证落实到位且运转良好。为某特定疫病而设计的监测系统调整起来最容易，只需稍作修改就可适应新的监测需要。例如，某监测系统在一个屠宰厂收集布鲁氏菌病样本，该系统提供了采样器具、事先与屠宰厂协商好的采样合同、常规采样及样本运输流程、获取样本数据程序等。如果出现新发的毒素污染事件，布鲁氏菌病监测基础模块可迅速被修改为包含第二套针对屠宰厂群体毒素污染事件的采样模块。这其中的关键是，必须确保特定疫病监测系统的基础模块运转良好。

第三种检测新发或再发疫病的方法是监视特异性临诊症状，从而触发特异性的监测。症状监测系统用于发现与疫病有关的动物健康异常状况，监测在屠宰厂、交易市场、场舍观测到的动物临诊症状或实验室提交的样本。

比如，从屠宰厂可搜集的数据包括宰前和宰后样本的检验结果及相关原因。利用这些数据，可确定检验结果异常的比率，这种异常可能预示着一种新疫病的发生。

兽医诊断实验室同样可从送检样本特定检测或实验室结果的异常趋势或激增中收集数据。

私营或官方兽医可报告现场或活畜禽交易市场进行的临诊症状监测。监测到疫病的异常模式或症状增多，可能提示出现新发疫病。由于畜禽交易市场往往是动物混合的第一个地方，因此，在动物被从本地调运出去之前，市场是阻止高度接触性传染病传播的关键控制点。兽医是私营企业和畜禽交易市场检测疫病症状的第一道防线。

5.1.2 证明无疫

监测系统的检测结果不能证明确实无疫。对每一个动物及其每一次暴露进行完全准确的检测是不切实际的，也是不可能实现的。在大多数情况下，监测是通过慎重设定的流行率阈值 (prevalence threshold)、时间周期 (time period)、置信区间 (confidence level)、检测特性 (test characteristice) 和抽样假设(sampling assumption)推断疫病的无疫状态。调整检测性能、设置敏感性或置信水平，可使监测采样确实有能力在疫病出现时发现疫病。但推断无疫病，则需估计该疫病"之前"的流行率。例如，两个不同地区监测结果相同且敏感性相同，但监测结果还取决于地区的疫病风险和疫病历史，所以尽管敏感性相同，在之前疫病检测为阴性或环境不利于病原生存的地区，无疫状态更有可能。此外，如果一群动物有可能会在未来接触到疫病，但这一点并没有被发现或监测不足，监测结果价值则很有限。因此，无疫状态证据通常要求检测结果为无该疫病，以及保证监测系统稳定性这两个方面。

证明无疫调查的样本量应足以达到所设定的置信水平，通常设定为95%或99%。根据选定敏感性所估算的样本量也取决于整个动物群体的规模。诊断试验准确性或检测次序和疫病的最低流行率（检测阈值）对于检测疫病来说也至关重要。网上有证明无疫的样本量计算器，FreeCalc[4]就是其中一种产品，可用来计算目标置信水平内的样本量和检测阈值，调节诊断试验的准确性。Epi Tools[5]提供FreeCalc在线版本，以及各种基于风险的监测方案敏感性和样本量的计算器。

在《OIE陆生动物卫生法典》没有推荐检测阈值的情况下，设定检测阈值时应符合生物学特性。例如，与长时间存在且流行率低的隐性疫病相比，会迅速传遍整个场舍的高度传染性疫病的样本需求量更少。可能需针对反映地理分布或其他差异的不同动物亚群（如生产管理、野生动物暴露或物种特征）进行样本量计算，以期反映出疫病传播的动力学。

例如，调查证明某地区成群饲养牛群的无疫状态，需计算两个独立的样本量。第一个样本量是采样场数量应能够达到该地区置信水平和流行率阈值，第二个样本量是在每个采样场采集的样本数量。目标检测阈值根据不同层次而可能不同，以反映疫病在不同动物间(如通过动物与动物直接接触)与群体间(如通过污染物)的传播机制。通常情况下，场级监测(每采样场采集多少动物数)的置信水平可用于计算地区级（某地区采样场数）样本量的敏感性。

例如，某国家启动针对牛群某特定疫病的根除计划，该国已具备被动监测系统，此疫病一般有临诊表现，最后一起病例发生在两年前。兽医部门认为该疫病已根除，于是发起主动监测以证明该地区无疫。《OIE陆生动物卫生法典》没有就该疫病提供具体建议。

4　www.ausvet.com.au/content.php?page=software-freecalc

5　http://epitools.ausvet.com.au

- 该疫病具有高度传染性。动物群体一旦接触将迅速传播给群体中至少25%的动物。因此，群内流行率的检测阈值可以适当放宽。保守地计算样本量并设95%置信水平，如果流行率达到10%，则可检测出。假设检测方法敏感性高（95%），特异性强（100%）（假设需后续检测确诊）。样本量计算表明，如果场内有10%的牛感染该病，随机选取30头动物就能检测到该病的可能性为95%。

- 该国的牛场具有相当强的生物安全保障。疫病可能仅存在于一个牛场且不能快速传播，即使传播也只是传播给临近牛场。然而，场与场之间传播可能会通过运送饲料和农产品的设备、新引进的牛或同时为多个牛场工作的工人等方式。因此，为区域采样水平设置了中等检测阈值。计算出的样本量可提供95%的置信度，如果该地区2%以上的牛场发生该疫病，则可检测出。假设群体调查提供95%的敏感性（例如，"感染"场被检测为阳性场的可能性为95%），特异性为100%(所有阳性样本通过后续检测均确认为真阳性)。样本量计算表明，如果该地区有2%的牛场感染该病，随机选取150个牛场检测到该病的可能性为95%。

- 抽样目标群是动物交易频繁的场和动物小于1岁的场，因为与普通群体相比，这两个亚群患病风险最高。没有针对这些风险因素的定量相对风险估算。因此，针对性采样会提高检出患病动物的可能性。如果计算过风险，基于风险的抽样可降低达到检测目标和置信水平所需的采样量（见第5.4.1节）。

- 监测过程为期两年，各个季节均采集了样本。

- 通过加强教育和政府补偿基金，加强了被动监测工作。进口相关法规的执行降低了进口风险。总体生物安全环境支持对疫病持续的识别、预防和报告。

- 两年的监测结果均为阴性，可证明无疫。生物安全条件、被动监测系统和用于维护进口风险最小化的法律法规可用来保障无疫状态的稳定性。

自我宣布的疫病状态和OIE官方认证的疫病状态

《OIE陆生动物卫生法典》规定，无疫状态可自我宣布或由OIE正式承认。OIE成员如自我宣布无特定疫病（不包括需经过OIE官方认证的疫病），成员应提供证据，证明其符合《OIE陆生动物卫生法典》和《OIE陆生动物卫生监测指南》关于无疫的相关要求。如监测指南没有具体的监测建议，则参照《OIE陆生动物卫生法典》第1.4章中的监测建议。

关于OIE官方疫病状态认证系统中的疫病［口蹄疫（FMD）、牛传染性胸膜肺炎（CBPP）、非洲马瘟（AHS）、小反刍兽疫（PPR）、猪瘟（CSF）和牛海绵状脑病（BSE）]，《OIE陆生动物卫生法典》相关章节给出了具体的监测建议。对于小反刍兽疫和口蹄疫，OIE规定成员需将其官方控制计划提交给OIE认证。

对于这些疫病，任何成员不得自我宣布无疫国或无疫区。除《OIE陆生动物卫生法典》第1.4章所述建议外，OIE还专门针对这6种疫病制订了监测建议。监测的目的是按照《OIE陆生动物卫生法典》有关章节规定，在国家、区域或生物安全隔离区各层面，在包括野生动物在内（如适用）所有易感物种尚未出现疫病临诊症状阶段，便能够识别疫病和感染。

需官方认证无疫状态疫病的监测建议可用于证明不同类型的无疫状态，例如，历史上无疫状态、国家或地区免疫无疫或非免疫无疫、没有某种虫媒无疫。

至于疯牛病，成员可申请认证两种不同的疯牛病风险类别之一，即可忽略的风险或可控制的风险。在这种情况下，认证的基础是风险评估，并应根据认证结果，开展不同强度的监测（类型A或B），同时针对不同年龄和亚群采集不同的样本量，如《OIE陆生动物卫生法典》第11.5章中所述。

5.1.3　监控过程

在疫病控制项目实施过程中，对目标群体疫病流行率进行定期评估是确定监测有效性的一个重要方法。从一开始就明确控制项目的目的十分重要，完全消灭疫病或将疫病流行率控制在可接受的范围？无论哪种情况，均需考虑监测的长期影响。

在疫病控制项目开始之前，应确定目标动物群。这不仅有助于确定项目范围，而且也可确定未来推测所涉及的群体，还可让监测系统制订者和现场调查人员确保拥有足够的资源，不仅用于疫病控制工作本身，还用于证明防控工作的有效性。

流行率是一种疫病在一个群体中的发生概率，这一比例用以下公式计算：

流行率 = 在某一时间点的病例数或被感染动物数/在同一时间点群体中暴露于风险的动物总数

监测系统所关注的单元通常是动物群体，比如一群动物，应以合适的单元来替代上述等式中的"动物"。流行率受新发病率（新发病例数/在同一时期内暴露于风险的动物数）、疫病持续时间、自然周期性和不可预测的随机事件的影响。除非群体很小，否则不同单元的动物群可能流行率不同。在控制项目中，调查流行率的频率依赖于所有这些因素，以及可用资源（即资金、人员、材料等）和可获得的必要数据（如检测结果）。

根据监测和控制目标并使其与人力和财力资源相平衡，可接受较低的流行率，以最大限度地降低疫病对目标群体的影响。在一个成功的控制项目实施过程中，疫病流行率会下降，因此，检测系统的阳性预测值降低，最终导致其中大多数阳性检测结果是假阳性。也就是说，检测结果显示为感染动物，但事实上并不是。如果单个动物的检测阳性状态影响到该动物群体或其地区的状态，则需采取一些措施，以确保在此阶段以具有成本效益的方式完成控制工作。

如果流行率确实下降，则应重新评估监测目标，以考虑疫病根除计划相对于检测和控制的成本效益。

5.2 经典工具

监测系统的质量对于评估和记录一个国家或地区的疫病至关重要。即使一个极其全面的监测系统，也不太可能完全满足所有动物卫生监测的需求，而且仅借助一种监测方法也不能实现所有监测目标。正如前言所述，动物卫生监测系统应整合多个互补的组成部分，并使用多种工具。应根据国家动物卫生目标来设置和组合监测工作和工具，提供所需的敏感性、特异性和时效性。动物疫病监测通常分为被动监测和主动监测，但无论是被动监测还是主动监测，均需遵守本指南第2章和第3章阐述的原则，以确保系统达到预期目标。

5.2.1 病例定义

5.2.1.1 概述

病例定义应清晰明了，应能够让使用者根据病例定义来识别和报告病例。病例定义包括临诊症状、实验室检测结果、尸检结果、流行病学信息（如物种、地点、时间、确定性），其中确定性分为确认/肯定、可能/推定、可能/疑似。使用标准病例定义可提高报告特异性，从而提高动物卫生事件报告的可比性。

5.2.1.2 复核监测系统所需敏感性和特异性

敏感性高、特异性低的监测系统适合采用比较宽泛的病例定义，而特异性高的监测系统则需比较狭隘的定义，以对动物病例加以更严格的限定。

5.2.1.3 提供临诊描述

病例定义应包括一到两段简短的临诊症状、疫病历史和现状描述，以及急性、慢性和迟发等发病形式，还应考虑可能在疫病传播中起作用的非临诊或不明显的载体（carrier）。

5.2.1.4 确定临诊病例定义（可选）

定义临诊病例可用来提高或降低监测系统的敏感性。定义为监测系统指定监测的物种，同时指出是否包括某些特定的临诊症状，也可用于筛选动物以进行进一步检测。

5.2.1.5　提出实验室诊断标准

筛选检查（screening test）通常指可在实验室快速进行、广泛使用且相对便宜的检测方法。通常以降低特异性来换取更高的敏感性，但由此导致一定程度的假阳性结果。得到假阴性结果虽不理想，但难免会发生。

确诊试验（confirmatory test）通常速度较慢，操作较难。因为操作专业程度更高，所以在实验室系统中通常不容易快速完成，且比常用的筛选检查成本更高。理想的确诊试验应具有较高的特异性。

实验室检测也并不总能作为疫病确诊的金标准（gold standard），应说明和强调这种局限性。病例定义同时应含确定病例所采用的诊断试验类型和临界值或滴度。如适用，应包括检测试验类型［如酶联免疫吸附试验（ELISA）、聚合酶链反应（PCR）等］及其特点。

5.2.1.6　确定是否有流行病学标准和限制条件

流行病学标准可将病例定义限定为拥有特定流行病学特征的动物个体、栏、群或其他养殖单元，可能涉及动物个体或养殖单元的地理位置、特定时间点或季节、或某种与疫病传播或风险相关的行为等。监测系统也可针对纵向一体化养殖产业中某一类（如祖代、父母代、商品代等）、年龄段中某一段（如保育阶段与哺乳阶段）、商品中某一类（如肉鸡与蛋鸡）进行监测。应使用标准来明确定义需监测的动物群体，标准还包括与栖息地、环境条件、季节性、气候等相关的变量。

5.2.1.7　将病例分级（类别定义）

病例级别一般指存在疫病/病原的确定性水平，包括确认/肯定、可能/推定、可能/疑似等。制定病例分级标准可根据动物的临诊症状、尸检前后的实验室检测、初步尸检结果、组织病理学特点或专家意见等。分级标准的复杂程度取决于疫病和监测目标。

有时需说明某些临诊症状(如发热、脑炎或脑膜炎)、动物/动物群的疫苗接种记录、疫苗类型或批号等信息，也需包含动物/动物群环境接触史、节肢动物接触史或动物进口相关信息、精液或胚胎是否来自疫情国或疫区等信息，也可能包含如饲料或水源、暴露于外来动物疫病的证据、故意放养或生殖状态等其他信息。

5.2.1.8　病例级别实例

I.基本病例定义实例

疑似病例：患病动物具有符合疫病X的临诊症状［如高致病性禽流感监测24h内禽群出现高死亡率（>30%）］。

　　推定阳性病例：对疑似病例进行筛检方法A检验，病原X呈阳性（如高致病性禽流感监测中ELISA检验呈A型禽流感阳性）。

　　确诊阳性病例：动物经筛检方法B检测为阳性（如高致病性禽流感监测中分离出HPAI病毒）。

　　Ⅱ.详细病例定义实例

　　疑似病例：动物具有以下任何一种情况：

－　临诊症状符合疫病X，或

－　通过常规监测收集的样本经实验室检测呈不确定或阳性结果，无论动物有无临诊症状（如HPAI监测中采集的样本用逆转录PCR检测M基因结果呈疑似阳性）。

　　推定阳性病例：疑似病例同时符合以下两项：

－　流行病学信息表明存在X疫病；

且

－　实验室筛检结果阳性：

　　• 检测方法A检测出抗体；或

　　• 检测方法B检测出病原核酸；

或

　　• 检测方法C检测出病原血清型。

　　确诊阳性病例：通过实验室Y分离和确认了动物感染病原。

5.2.1.9　病例定义的修订

　　监测目标的改变、实验室检测方法的改进和关于某疫病的新知识等，都是修订病例定义的可能原因。此外，监测目的（如记录地方流行性疫病与发现外来病的趋势）和状态（如暴发早期阶段与消除病原的记录）都可能影响病例定义。但仅在确实必要时，才可修订病例定义，因为更改病例定义将导致报告病例数明显增加或减少。

5.2.2　调查和抽样设计

　　调查是为了确定某疫病/事件在某群体的流行率（定义见第5.1.3节）或新发病率，证明该群体不存在某疫病或分析群体的其他特征。这些观察性研究需回答的问题诸如"在这一群山羊中，有百分之多少患了羊痘？"或"在坦桑尼亚，奶牛的平均产奶量是多少？"，并经常利用问卷调查来收集更多关于管理等方面的信息。

　　主动监测包括在指定时间间隔内重复进行调查。每次调查之间的时间间隔会影响监测敏感性，也可作为获得病原风险的应变量。在国际贸易中，经常需反复对国家或当地动物进行调查，记录畜牧场或个体水平的无疫状态。《OIE陆生动物卫生法典》在相关疫病章节，就OIE法定通报疫病两次调查之间的间隔时间提出了建议。

调查通常在目标群的一个子集(样本)中进行，然后由样本结果推断其所代表群体的结果，估算群体某一特征（如疫病状态）的真实值。为了做出推断，通过抽样从一个群体中选择一些个体。在抽样统计学方法学上，通常强调的是随机和非随机抽样法之间的差异。但由于在监测中使用非随机采样法仍可产生科学的结论，因此更侧重于区分概率与非概率抽样法之间的差异。

概率抽样是使群体中每一个体都有一个可准确确定的非零概率被抽中的抽样方法。抽样概率可用于计算无偏倚的群体特征，如总数、均值、方差和比例。概率抽样包括简单随机抽样、系统抽样、分层随机抽样、整群随机抽样和多阶段随机抽样。

非概率抽样是群体中某些个体没有被选中的机会或不能确定被选中机会的抽样方法。在监测工作中，非概率抽样基于对群体中已知的个体情况而进行抽样。使用非概率抽样可能使推断(用来自样本的信息对总体进行推断)受到限制。例如，选择概率未知，则无法估计抽样误差。但非概率样本提供的有限推断，也可能足以满足监测目标。例如，针对感染期有临诊症状的某疫病，仅对表现出临诊症状的动物进行随机抽样，可提供该病在群体中流行率的上限。非概率抽样有目标抽样、判断抽样、配额抽样、便利抽样、应答推动抽样和随意抽样。

应根据统计学和实际情况来决定抽样方法和样本量，研究目的、可用资源（时间、资金）和抽样框（群体的所有基本元素清单，如目标群、目标群体中的单个动物）均需考虑在内。统计学方面包含分析所需精确度、群体中各抽样单元间预期的指标差异、由样本估计真值所需的置信水平等。

目标抽样可被视为有局限性的分层抽样，也是基于概率的抽样。虽然群体中一个或多个亚群被选中的概率可能为零，但在目标亚群内应采取随机抽样。该样本是一个亚群的概率样本，可用于推断该亚群的参数。但对于整个群体来说，目标样本是非概率样本，若要推断整个群体的参数，必须提前知道未被选中亚群的一些初始信息。例如，如果目标亚群是有临诊症状的动物，同时表观健康的动物几乎不可能是病例，则可由目标亚群样本估计的流行率为全群提供流行率的上限。如果这部分无症状动物的比例已知，则可计算出全群流行率的无偏估计和抽样误差估计。

判断抽样、配额抽样和其他形式的便利抽样在监测中同样具有重要作用，因为用这些方法收集的数据可作为无疫认证诉求的证据。例如，兽医检查患病动物并提交样本给诊断实验室，即构成判断抽样。对所关注的特定亚群进行抽样，与目标抽样不同的是，对该亚群抽样以便利为主，而非随机。

虽然这些信息不能用于估计患病亚群的疫病流行率，但在生病动物中没有发现疫病，便提供了表明该疫病不存在的证据。配额抽样与分层抽样相似，在各个亚群中抽取一定数量样本，但亚群内随机抽样难以实现，只能采取便利抽样，直到满足各亚群的配额要求。该方法常用于屠宰厂监测抽样。

如无法获得抽样框，可考虑使用随机地理坐标抽样。因为个体被抽中的概率未知，所以需慎重使用地理坐标抽样数据代替抽样框数据进行推断。可将抽样单元地理分布知识与随机地理坐标抽样结合使用，以提供关于群体有意义的合理结论。"Survey toolbox"（调查工具箱）是一个专门为动物卫生调查开发的软件，为设计、实施和分析具有统计学意义、实用有效的动物卫生调查提供简便工具，该软件可在网上获得[6]。

另有文献提供了关于概率抽样数据分析的指导。针对由概率抽样方法收集的数据进行有效推理取决于抽样个体的已知概率。有效使用非概率抽样的关键是了解样本和群体之间的关系，以及可能产生的偏倚。无应答或抽样框未能覆盖总体时，概率抽样就会变成非概率抽样，因为无应答改变了每个个体被抽取的概率。同样，了解各亚群的分布比例以及抽样因素对疫病风险的影响，能把非概率抽样(如目标抽样)变成基于概率的评估。

5.2.3 报告系统

OIE大多数成员均有需报告的疫病清单，报告途径视当地兽医机构和数据信息管理方式而异，包括使用数据信息系统生成电子报告、电话报告等。

监测系统中的所有参与者都应了解疫病报告的时效性和报告疫病所能获得的支持。

报告系统实例

美国动物卫生报告系统(NAHRS)是美国针对OIE名录疫病唯一的综合性报告系统。美国州级动物卫生官员按月通过该系统呈报在美国家畜、家禽及水产动物中确诊的OIE名录疫病。NAHRS是美国动物卫生监测系统的重要组成部分，通过及时向贸易伙伴提供关于动物卫生状况的汇总信息，帮助美国维护其在全球动物及动物产品的市场份额[7]。

联合国粮食及农业组织（FAO）跨境动物疫病信息系统（TAD*info*）[8]是一个数据库管理系统，用于存储和分析动物疫病信息，也可供各国/地区用作其国家/地区数据库，旨在改善疫病管理系统。TAD*info*是一个国家级的数据

---

6 www.ausvet.com.au/content.php?page=software

7 www.aphis.usda.gov/animal_health/nahrs/index.shtml

8 www.fao.org/ag/againfo/programmes/en/empres/tadinfo/default.html

库管理系统，全球目前约20个国家拥有该系统。

另一全球报告系统是OIE的世界动物卫生信息系统（WAHIS）。这是一个网络报告系统，OIE成员和非成员利用该系统提交发生动物疫病的官方报告，报告类型有快速通报、跟踪报告、半年报告和年度报告。OIE将信息传递给其成员兽医机构和国际社会。WAHIS含早期预警系统和监测系统两部分。

早期预警系统提供预警信息和异常流行病学事件的跟踪报告，以期在发生相关事件时，迅速采取预防措施进行应对。监测系统持续提供OIE名录疫病存在与否的信息，以及各成员为应对各种疫病采取的控制措施。WAHIS的界面是OIE数据库(WAHID)[9]。自2009年以来，OIE又开发了一系列WAHIS新功能，使之更加完善。新功能包括将发病动物自动编码，以区分家养动物和野生动物疫情，并生成野生物种列表，以正确通报所报告疫病的宿主动物。该列表列出已知的易感物种，以英文、法文和西班牙文多语种标注目名、学名和常用名。OIE从1993年起开始使用Excel格式问卷收集野生动物疫病数据。目前正在全球范围内监控影响野生物种的53种传染病和非传染性疫病状况，为此在WAHIS中增加了WAHIS-Wild新模块，取代之前Excel格式年度问卷，用以方便OIE成员提交野生动物卫生状况年度报告。可从WAHIS-Wild网页[10]查看收集的信息。

另一利用已知信息源的例子是联合国粮农组织的全球动物疫病信息系统（EMPRES-i）。联合国粮农组织EMPRES-i是跨境动物疫病紧急预防项目（EMPRES）中的全球性动物卫生信息系统，为用户提供一站式查找和收集所有动物卫生信息和跨境动物疫病信息（TADs）服务。EMPRES-i收集、储存和验证多种来源的动物疫病暴发相关数据（包括人兽共患病），用以进行早期预警和风险分析（http://empres-i.fao.org/empres-i/home）。其数据来源有：FAO代表、FAO报告、OIE报告、官方政府、欧盟委员会、FAO参考中心、实验室等。EMPRES-i对不同来源的全球疫病事件进行分析梳理，其数据来源包括：国家或地区项目报告、实地考察报告、非政府组织合作伙伴、合作机构、政府农业和卫生部门、粮农组织代表或其他联合国机构、公共机构、媒体和网络卫生监测系统。EMPRES为核查确认数据不仅使用官方信息，也使用非官方信息（非官方信息来源包括国内援助项目、个人与非政府组织和其他机构的合作），以保持对跨境动物疫病和人兽共患病的良好认识。这些信息用于生成早期预警，及时发布预警。信息经核查确认被输入EMPRES-i数据库，之后以结构化摘要格式公布于众。

---

9   www.oie.int/wahis_2/public/wahid.php/Wahidhome/Home

10   www.oie.int/wahis_2/public/wahidwild.php

阴性报告

阴性报告是一种特殊的疫病报告形式。监测中这种类型数据说明的是动物无某特定疫病。阴性报告数据可用于以下两个方面：

– 在基于实验室的报告系统中排除某疫病。

例如，一个国家欲证明其疯牛病的无疫状态，实验室针对有神经症状的病例进行疯牛病检测，结果均为阴性。这并不提供任何与神经症状相关疫病的信息，但确实证明无疯牛病。

– 在临诊报告系统中排除某疫病。

常用于具有明显特征性临诊症状且传播迅速的疫病，如易感动物群体中的口蹄疫。

例如，可建立这样一个系统，即兽医在走访了每一个养殖场或村庄之后完成一个报告，说明走访中没有发现口蹄疫。

兽医走访没有发现任何口蹄疫迹象，这一事实提供的是不存在口蹄疫这样一个信息（兽医有可能出错，但可能性较小，且任何类型的检测或监测都可能出现错误）。监测系统如果收集到范围广泛的大量阴性报告，便可作为客观证据，证明不太可能有任何口蹄疫临诊症状动物存在。临诊阴性报告系统记录可为贸易伙伴了解某国家、某区域或生物隔离区无某疫病提供有价值的保障。

5.2.4　补偿事宜

对患疫病动物进行人道扑杀应给予畜主补偿，补偿的做法有助于发现患病动物。发生OIE名录疫病后，对发生疫情的畜群进行隔离和扑杀，会给畜主造成经济损失。因此，当怀疑发生畜禽疫病时，畜主从自身利益角度出发，可能不向兽医机构报告。而畜主及时报告任何可疑疫病是疫病监测的关键因素，给畜主补偿损失是鼓励畜主积极报告疫情的一种方法。Kuchler和Hamm发现，在美国痒病项目中，给畜牧场主所损失的羊提供的补偿价格越高，则兽医机构收到的要求进行痒病调查的羊数量就越多。这清楚地表明，给畜主提供扑杀动物补偿会促进更多畜主提交牲畜疫病报告。

在补偿问题上，兽医机构所面临的困难是如何合理制定补偿标准，需权衡疫病报告、动物卫生管理和生物安全等相互竞争的优先事项。补偿必须足以鼓励畜主报告疫病，但金额不宜过高，以免影响畜主实施良好的动物卫生管理和生物安全措施。Gramig等总结发现："设计畜禽传染病风险应对机制面临的最困难的挑战是，在鼓励生产者实施卫生管理和生物安全措施的机制与鼓励早期报告卫生问题的机制之间，存在着潜在冲突。"

5.2.5　被动监测

被动疫病监测是常规收集动物疫病信息的方法，信息源包括养殖业主、兽医和兽医辅助人员的报告，以及提交给实验室的诊断样本和实验室诊断的结果。疫病报告也可来自屠宰厂、畜禽交易市场、野生动物工作者和猎人、猎物处理工厂等。被动监测是不局限于指定时间持续进行的活动。被动监测系统是所有OIE成员开展动物疫病监测工作的基石，在国家整体监测和早期预警系统中起着举足轻重的作用。监测数据来源详见本指南第4章。被动监测中可能包括针对其他目的收集的数据，这些数据相对于初始目的可能属于附带性质（如对临诊患病动物的检测）。

被动监测系统的优点是易于开发，且实施和维持成本相对低廉，不会带来太大负担，并可用于确定总体趋势，协助报告国家疫病状态并提供历史信息。被动监测系统可覆盖广泛的区域和群体，报告多种疫病，在早期预警系统中（尤其是罕见事件上）可发挥重要作用。被动监测的主要缺点是缺乏监测文档记录，从而缺乏阴性结果的分母数据，全群各部分监测的置信水平低（即低敏感性）。尽管存在这些缺点，但如果对被动监测系统精心进行规划和监督实施，便可极大地弥补其自身缺陷。被动监测系统是否能敏感地发现临诊症状明显、传播迅速的疫病取决于其质量，而改善质量可通过提高包括兽医在内的利益相关方的认识和参与度实现。

为使被动监测系统最有效地发挥作用，应为报告制度进行立法，并制定激励机制。兽医主管当局应制定可执行的法规、需报告疫病清单和明确的病例定义。此外，尽管报告在本质上是被动性质，但应充分开发和资助基础设施建设，加强收集报告数据的能力，根据获取的信息提出应对方案。

被动监测报告的数据可能不是为主要目的而收集的数据，因此，可能会给填写报告的兽医、兽医辅助人员或养殖业主带来额外负担。被动监测系统收集数据的成功与否取决于两个因素：对报告重要性的认识和个人的报告动机。因为缺少对疑似病例进行全面诊断的实验室或其他资源，所以具体和复杂的病例定义不适用于被动疫病监测，否则会出现漏报和报告不完整等情况，尤其在地方性流行病方面。

由于这些原因，应针对被动监测系统或其组成部分定期推广宣传。通过宣传增强养殖者、兽医、兽医辅助人员对某特定疫病的认识，提高兽医对疫病的识别能力，特别是对于很久未在当地出现的疫病。

兽医机构在仅基于被动监测结果进行疫病通报时，应十分谨慎，因为难免存在漏报的问题。可使用其他信息如主动监测信息、模型模拟或数学方法等，作为被动监测数据的补充，提高疫病流行情况估计的准确性。

以下是具时效性的良好被动监测系统的设计和使用指导原则：

- 遵循本指南第2和第3章关于监测系统的设计、实施和评估的指导原则。虽然报告是被动的，但监测系统仍需有条理。设计系统时应考虑到第2章介绍的每个因素，评估系统时应考虑第3章介绍的每个因素。

- 要求呈报和奖励自发报告。为兽医机构提供监测数据，或是强制性的，如不报告会受到某种形式的惩罚；或是自发的，提供信息会得到奖励。自发报告的鼓励机制可为经济性质，以提供动物卫生保健或补偿动物损失等形式，或如支持出口等间接形式。

- 标准化报告至少应包括下列内容：
  - 需报告的疫病列表；
  - 需报告疫病清晰完整的病例定义；
  - 简便和标准化的报告格式以及信息沟通机制。

- 识别监测系统中承担责任的参与者：
  - 哪些人员参与报告？
  - 谁为这些人员提供培训？
  - 收到报告后，哪些人员负责做出回应以及如何回应？

- 确定报告会遇到的障碍并将其最小化的步骤：
  - 可能阻碍报告的社会文化因素；
  - 政治法律因素（包括缺乏支持和资源）；
  - 经济因素：如疫病报告可能产生不利影响；
  - 沟通困难如互联网连接不畅或没有网络或没有电话服务；
  - 期望报告的个人可能会认为，报告对于兽医机构无关紧要，因为没有后续行动或没有反馈机制。

- 数据分析和解读并采取行动的时效性。兽医机构通过被动系统收到报告后，必须迅速采取后续行动，并应按照疫病事件的重要程度，以相应方式来考虑和处理每个报告。地方性疫病报告应存入数据库，并以每年或每半年的频率呈报。如收到外来动物疫病报告，需立即联系养殖业主，并给予合理回复。

- 给参与方提供反馈是被动监测系统的一个关键，表明对其所提供的信息很重视。为了获得成功，被动监测系统必须向两个方向提供信息：一是为后续监管行动向兽医机构提供信息，二是向养殖业主提供具体措施以改善其生产实践。

屠宰厂监测

在屠宰厂实施被动或主动监测成本较低。屠宰厂具有持续接受来自不同场或村的大量畜群的优势，避免动物卫生检疫人员登门走访，节省时间，使他们有更多的时间开展监测工作。在数量相对较少的屠宰厂通常可观察到大部分畜禽群体，采集到各种生物样本进行实验室检测。因为畜禽已被集中运输到屠宰厂，并经过加工，所以监测成本主要集中于监测工作人员进行数据采集、样本收集和实验室检测等操作方面。可通过宰前临诊观察（宰前检疫）、肉品检疫（宰后检疫）或采集针对特定疫病的生物学样本来收集监测信息。屠宰厂监测结果必须仔细记录，以便作为有用的数据来源。这些数据可能用来作为疫病状态或无疫状态的证据，以及判断毒物或环境状况。

　　屠宰前对活体畜禽进行常规检查，可作为筛检程序以发现明显患病动物，这样可将患病畜禽移出食品供应链，由兽医进一步进行检查。所有畜禽均应经过屠宰前检查。理想情况下，应在静止和运动状态下观察每个畜禽，观察其行为、运动、身体状况和临诊疫病迹象。同时观察整栏或整批畜禽，发现是否存在高度传染性疫病。隔离不健康的畜禽以进一步进行生物学采样检测或在宰后进行更严格检查（见第4.4.2节）。

　　宰后肉类检疫也适用于被动和主动监测。目测检查胴体，对异常组织进行嗅诊和触诊，不仅能够帮助发现疫病和其他问题，还有利于开展生物学采样对畜禽进行针对性筛检。例如，检查和触诊淋巴结可用来检查伴随结核发生的肉芽肿，仔细检查肝脏可检测寄生虫（如肝片吸虫）。受感染畜禽进而可成为监测系统诊断检测的目标。

　　依据《OIE陆生动物卫生法典》所述，捕获的野生动物很少通过"屠宰"或在屠宰厂被加工。但在许多国家，猎人可能把野生动物的尸体带到经批准的猎物加工厂进行宰后检疫。因此，如同在屠宰厂收集畜禽监测数据一样，通过猎物加工厂也可收集野生动物的监测数据。

　　(a) 生物样本采集

　　因为不易采集活体动物样本，所以宰后肉品检疫是收集生物样本的好机会。即使屠宰厂工作繁忙，也可在短时间内收集大量样本。屠宰厂规模和特点各不相同，收集样本的能力取决于屠宰厂的性质和样本类型。工艺先进的大型商业屠宰厂具有高度复杂的机械化设备，不利于简便安全地收集样本。

　　血液样本最好在宰杀放血时立即采集。肉品检疫可采集不同解剖部位的组织样本，收集肝、脾、肺组织样本可在去除内脏时或内脏被运送到指定地方后，膈膜或肌肉组织样本可在屠宰过程的多个阶段从动物胴体上收集。屠宰厂管理层是否允许收集组织样本可能取决于屠宰厂是否打算出售被采样组织，如果收集这些样本将对屠宰厂产生不利的经济影响，则只能通过购买来获得样本。样本收集应与屠宰厂管理部门协调一致，以确保人员安全，同时尽可能降低对正常屠宰和检疫流程的干扰。

动物标识和养殖户身份是流行病学调查跟踪阳性动物来源的重要数据。识别动物和来源场可完善记录无疫的数据统计。因此，采集样本后应将样本与来源动物联系起来，妥善保存并及时送到诊断实验室。

(b) 监测屠宰厂常规检疫数据

对屠宰厂动物和肉品检疫数据进行监测可提供动物疫病早期预警。观察活体动物的检疫员有机会识别许多临诊症状明显的疫病，如口蹄疫的水疱病变。胴体检疫提供体内各系统器官组织病变的数据。即使不是为了识别某种特定疫病，屠宰厂数据监测系统可提供动物健康异常的信号，使兽医机构能够尽快启动调查，进行诊断检测并采取行动。宰前/宰后观察数据及检出问题数据监测系统，可应用在大型现代化屠宰厂，也可应用在小型如村级的屠宰点。监测也可针对接收来自国内高风险区域动物的企业，或可将其用途扩展到从一般群体中抽样。

屠宰厂检疫标准对获得质量一致的数据至关重要。对屠宰前/后检疫来说，应明确定义临诊症状和异常肉品特征，以建立稳定的问题检出类别。检疫员应接受培训，做到能够基于定义识别各种异常情况。《发展中国家肉品检疫手册》是制定屠宰厂检疫标准很好的参考材料。检疫人员采用统一方法进行检疫，对于限制结果偏倚很重要。除问题检出数量外，也应统计屠宰动物总数，这样可根据不同阶段屠宰动物总数调整问题检出数。问题检出数和屠宰动物总数应按动物等级分层，如分为"剔除"和"上市"，因为预期的问题检出数可能因动物种类和等级而异。

屠宰厂的现代化程度将决定采集数据的类型和分析方法。在使用电子数据库的现代商业屠宰厂，可使用计算机统计软件进行数据分析。为了评估在一个时间段内检出的有问题动物的数量是否异常多，需比较当前检出率与之前几段时间检出率的平均值。一个常用方法是使用"累积总量"，本期检出值超过某疫病（或症状）的预期检出值时，将产生提示信号。目前，几个免费计算机应用程序可用于进行这种分析。其中一个是美国疫病控制和预防中心开发的应用程序，供在SAS统计软件上操作（北卡罗来纳州卡里SAS研究所）。另一应用程序可在 Microsoft Excel 上运行。虽然这两个应用程序主要是为了监测人类健康症状而创建的，但可很容易地应用于屠宰厂分析问题检出统计数据的变化。

以记账方式来记录储存动物问题检出信息的屠宰厂，屠宰基本监测可通过直观地比较现阶段问题检出数与之前几个阶段的问题检出平均数。将选定的参考时期标准偏差与参考时期平均值相加，可计算出一个临界值。如果当前问题检出数超过几个时序内预设的临界值，则有必要对向屠宰厂提供动物的养殖场展开调查。

5.2.6　主动监测

大多数OIE成员会或多或少地采用主动监测来补充被动监测系统。主动监测由数据的主要用户设计和发起，因此收集的数据性质和质量可满足数据使用者的要求。

5.2.6.1　哨兵动物或动物群监测

哨兵是事发时发出警报的警戒士兵。哨兵动物（sentinel herds）则是在疫病出现时可作为警示的动物。哨兵动物一般由数量相对较少的动物组成，把这些动物放在一起，定期对它们进行查看和检测。检测一般指特定疫病抗体的血液检测，还可能包括临诊检查或针对特定病原的病原检测。哨兵监测系统的典型做法是在疫病高风险地区引入数量相对较少的哨兵动物。如有可能，对哨兵动物进行单独标识。把动物第一次引入哨兵组时，需进行检测以确保它们对目标疫病易感（即尚无抗体）。以后每次检测时，都要检查动物的抗体状态。如果一个动物抗体呈阳性，表明在本次检测和上一次阴性检测之间的时间段内，该动物暴露于某种病原。与其他监测系统不同的是，这种基于哨兵动物的监测是把一小群已识别的动物放在固定的战略位置进行监测。动物园由于有很多不同的动物且不同动物对疫病的易感性各不相同，因此，动物园动物可作为哨兵动物群，1999年北美西尼罗病毒的早期发现就是这样的例子。

也可采用在畜群中引入哨兵动物的方法，调查免疫群体的感染情况。具体做法是，在一群免疫动物中引入少量未免疫的可识别动物，然后对哨兵动物开展临诊监测以发现群内感染。

5.2.6.2　参与式监测

参与式监测（participatory surveillance）是一种基于风险的主动疫病监测类型，主要针对发展中国家和疫病正在流行国家，并以参与式方法为基础，原来称为参与式疫病监测（participatory disease surveillance）。这种监测利用社区知识体系来引导养殖者更有效地参与监测，充分应用系统促进畜主主动参与，使之成为监测的核心力量，使动物疫病更好地得到控制。

参与式方法主要由参与式乡村评估技术（participatory rural appraisal technique）发展而来，这项评估技术旨在帮助社区进行自我优势分析、确定自身发展需求重点及解决方案。该评估技术在实践中已很成熟，已有大量文献记载。参与式乡村评估通常被描述为一个互动技术（interactive technique）工具包，使参与者能够用自己的语言和知识体系表达。参与评估的专业人士应以学习新知识的态度参与活动，而不仅限于提取信息。参与式乡村评估的假设之一是专家不能预测所有重要问题,因此,这一方法必须足够灵活以便发现新的问题和信息。采访采用一份半结构化的主题备忘录(或访谈提纲),而不是由评估小组预定义的问题。访谈一开始最好以能让参与者阐述各自最关心的开放性问题(open-ended question)为主。利用从早期采访中获得的知识,完善研究假设、评估清单和提问问题,参与式评估在实施中会不断得到改进,使之更接近当地的实际情况。

参与式乡村评估为参与者和评估小组提供一些信息可视化和量化工具,包括排序和评分技术,绘制地图和绘制图表可视化技术,以及直接对行为、实践和环境的观察。参与式地图测绘对于调查疫病暴发尤为有用,图5.1为三个相邻养殖场禽流感暴发疫情图。

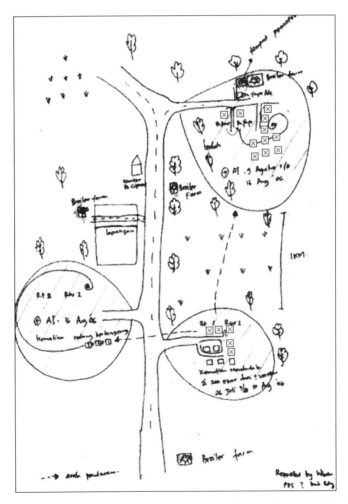

图5.1 农民绘制的参与式疫情地图,描绘村里三个相邻养殖场暴发的高致病性禽流感疫情

X框表示出现疫情暴发的养殖户,并标记有传播方向和关键日期

畜主往往掌握其畜群的主要疫病知识，包括临诊表现、眼观病变、时间进程、传播方式、流行病学特征、风险因素和治疗等。社区对畜禽业依赖越多，通常他们拥有的畜禽生产和疫病知识就越丰富。尽管如此，还是应首先对目标社区的知识水平进行摸底评估，不能轻易假设。参与式监测方法最初为牧区畜牧业而开发，但近来发现混合养殖体系以及城市、城郊养殖体系往往具有足够强大的知识系统，可通过参与式监测为监测系统增加价值。

在参与式乡村评估中，信息来自文献、各方面的信息提供者和对环境/行为的直接观察。另外，还利用一切可用技术获得信息。参与式监测与其他监测一样，首先在监测系统的广泛范围内设定明确的活动目标（详见第2章），接着查阅现有文献和报告，并对当地的知识水平进行初步评价。在参与式监测中，社会和文化信息与卫生信息同等重要。根据监测目标，基于风险对潜在的监测点进行优先次序的排序。完成以上步骤后，制定病例定义和采访备忘录。

参与式监测是一种灵活的技术，自20世纪90年代末始应用广泛。这些应用包括被动监测、疫病控制项目中为检测疫病而进行的目的监测、综合症状监测、为了解疫病模式和制订控制干预措施而进行的评估、为证实不存在疫病或已消除疫病而进行的监测。

参与式监测最初被设计为基于风险的监测方法，以在东非查找牛瘟最后的踪迹。在这个项目中，工作团队收集并绘制了牛瘟高风险社区分布情况，利用半结构化采访方法追踪现场牛瘟的历史，一直追溯到活跃暴发为止。最后对活跃暴发进行采样送实验室确认。

此后，巴基斯坦也开发了一种参与式监测系统，来应对多种目标疫病（牛瘟、口蹄疫和小反刍兽疫）。该系统还具有一般监测的功能，以开放式提问开头，并要求农场主按其关注程度列出疫病优先次序。该系统为根除牛瘟做出了贡献，并追踪到一起重要的小反刍兽疫暴发疫情。更为重要的是，参与式监测使决策者认识到出血性败血症的重要性，因为巴基斯坦所有省份的畜主都将它排列为最重要的疫病。

参与式监测早期应以行动导向方法查找疫病暴发，目的是利用这种敏感的方法寻找不易捕捉的暴发，以进行调查、了解和控制。最近，参与式监测已用于非洲（尤其是埃及）和印度尼西亚大部分地区的高致病性禽流感监测。有时，参与式监测迅速显示出目标疫病普遍存在，但却在传统的被动监测系统中被严重漏报。在疫病高度流行的环境中，参与式监测有助于阐明疫病的流行病学模式，但如仅识别大量暴发而没有后续应对措施，其是否有附加价值值得怀疑。在这种情况下，将参与式监测作为针对性研究的评价方法可能比作为标准监测系统更具成本效益。

参与式监测工作要求实施人员深入现场。这是该方法的主要优势，但同时也增加了成本。一些国家许多政府机构服务职能被移交给私人机构，政府机构工作人员与生产者交流的机会变得少之又少。参与式监测有助于减缓这种趋势，与社区建立紧密联系。但在规划监测系统时，需注意平衡参与式监测的效益与成本，策略地使用参与式监测的资源。

最初，参与式监测采用临诊特征或症状为病例定义，来识别可能的暴发并采样进行实验室检测。后来在现场进行的诊断试验变得易于实现，其应用成为参与式监测的组成部分。此外，移动电话和全球定位系统（GPS，global positioning system）技术经济适用且容易获取。目前，在采样的同时，参与式监测团队还配备适当的现场诊断试验、移动电话和GPS，为充实调查报告提供试验结果和病例照片。参与式方法和田间技术相结合，使监测人员能查找和记录病例。参与式监测报告系统拥有标准操作程序，所有信息都经官方指定报告渠道传输。决策者主动参与整个项目是减少误解的最佳方式之一，同时管理者也可掌握必要的信息，从而使项目更有效。

在监测系统中引入参与式监测可加强第3章描述的监测系统属性。一般来说，参与式监测通过利用其他信息网络（即传统的信息网络），提高系统的敏感性。利用参与式监测曾数次发现疫病问题，而官方兽医机构并不了解或严重低估了这些疫病情况。参与式监测也能通过聚焦于高风险地区或被忽视及边缘社区，提高监测系统的时效性和代表性。这种方法具有高度的灵活性和可接受性，并使参与各方在监测过程中树立主人翁意识，激发出工作人员的工作热情，改善畜主和官方兽医机构的关系，获益远超过疫病监测范畴。参与式监测有助于推动积极的机构变革和制定更符合养殖户需求的动物卫生政策。

参与式监测方法日益与定量流行病学方法和数据分析技术相结合。综合利用这些方法是为了使监测工作更加严谨，并具有分析大量数据的能力，同时不会过分牺牲灵活性或阻止参与式方法核心特点的发现过程。综合方法的例子包括：通过参与式监测收集专家意见以构建监测模型，在纵向研究中追踪发病情况变化，参与式监测报告的时间序列分析，应用统计模型进行风险因素分析，以及通过参与者对开放式问题的反馈分析风险因素。

参与式监测应由经过培训的专业人员实施。一些国家尝试把参与式监测的内容纳入兽医和公共卫生教育课程，但大部分动物卫生专业培训尚未把参与式流行病学和参与式监测列为常规课程，虽然这种情况正在改善。

动物和公共卫生参与式流行病学网络（The Participatory Epidemiology

Network for Animal and Public Health，PENAPH，http://penaph.net）提供参与式流行病学相关资源，如培训资料、文献和经验丰富的培训师资，还为参与式监测的执行者和培训人员提供培训指南。

参与式监测是对监测系统的有力补充。应评估整个监测系统，识别系统漏洞，采用参与式监测弥补漏洞，完成整体监测目标。

5.2.6.3　症候群监测

症候群监测是积极查找一组症状、征兆或疫病模式的过程，而不是某特定疫病。通过分析疫病的空间和时间分布模式可检测到特定综合症状的增加，从而启动流行病学调查来诊断实际病因。症候群监测是为了协助早期诊断新发疫病或疫病暴发而设计。

疫病常见非特异性症状包括发热、咳嗽、腹泻、食欲不振、嗜睡等。症候群指一组特定症状，例如：

- 呼吸道症状
- 胃肠道症状
- 神经性症状
- 皮肤症状
- 跛行
- 猝死

在症候群监测系统中，根据相同临诊特征（如侵蚀性或溃疡性损伤）、相同可能病因（如流感样疫病）或相同组织系统出现症状（如神经机能障碍），将临诊症状分为不同疫病症候群。

已开发出大量用来收集、分析和分配症候群监测数据的计算机程序。兽医疫病监测辅助系统（Veterinary Practitioner Aided Disease Surveillance，VetPAD）是一个软件包，兽医利用笔记本电脑输入电子账单和临诊数据，随后可使用笔记本电脑同步数据。数据包括客户、设备和动物信息记录等，还有诊断、处置、治疗、实验室样本、卖出的产品或使用的药物以及账单信息。一些数据专门用于监测目的。此软件还具有无线打印和GPS功能。

症候群快速确认程序–动物（The Rapid Syndrome Validation Project-Animal, RSVP-A）是一个应用程序，最初通过记录临诊症状来检测肉牛发病率的变化，如今已用于美国明尼苏达州的生猪产业症候群监测。可输入动物种类、养殖场类型、生产阶段、饲养条件、病原、临诊表现或症候群和地理坐标等信息。兽医可查看流行病学曲线或地图。常见的非特异性症状包括发热、咳嗽、腹泻、食欲不振、嗜睡等。

比利时开发的监控和监测系统（The Monitoring and Surveillance System，MoSS）是一个网络应用程序，旨在促进现场兽医（面对新发疫病）和各科研院所兽医专家间的交流，还可在现场快速识别新疫病。该系统分析由兽医提供的在线加密数据（非典型症候群症状和基本流行病学数据），然后利用演算法将数据按升序归类，同时考虑到空间和时间分布。这种数据处理的结果显示相似病例聚类后的分布（按预设标准）。如果聚集病例超过预设值，则会向专家网络发出预警。

牛症候群监测系统（The Bovine Syndromic Surveillance System，BOSSS）是一个网络程序，帮助大量养牛业主保存详细的场内畜群健康记录，协助诊断疫病。养牛业主在线输入牛疫病相关信息，由BOSSS生成一个表格式的可能疫病报告。报告中还可包括数字图像和场点GPS信息。系统也会指导养牛业主进行剖检和采样，还建议他们向当地官方兽医机构报告畜群的任何疫病和死亡。针对疫情暴发的早期发现，采用两种算法：①累积总和（cumulative sum，CuSum）算法能识别特定症状新发病率的增加。症状累积超出预期设定的阈值，将会触发预警。②异常模式探测法（What's Strange About Recent Events，WSARE）是一种通用模式识别算法，能够识别当前与历史时段之间变量的差异水平或关联。

间接指标监测也称为症候群监测（见第4.4.6节）。应用间接指标监测收集与分析的数据未必与疫病有关，旨在协助疫病的早期发现。例如兽药或饲料销售量的变化等间接指标可能提示疫病模式的变化。间接指标监测通常是主动监测。官方兽医机构与数据所有者（如兽药供应商）建立联系，并要求定期（每天或每周）提交最新的销售数据以供分析。

在丹麦，兽医必须记录任何用于食用动物或毛皮动物的处方药（包括含药饲料、血清和疫苗）的使用和配制，并每月通过官方记录Vetsat系统呈报。

Vetsat的三个数据来源如下：

- 药房必须报告所有兽药的销售情况；
- 兽医必须报告食用动物和毛皮动物用药情况；
- 饲料加工厂必须报告所有含药饲料和抗球虫药的销售情况。

马匹和伴侣动物用药只由药房向Vetsat系统提供。

症候群监测为发现新发疫病提供了实用方法，并为畜禽疫病FAX方案增加了多种可能。法国国家农业研究院（The French National Institute for Agricultural Research，INRA）有一个称为"émergences"的互联网系统，把非典型病例与潜在的已知特定疫病对应起来进行实时分类。与VetPAD和RSVP相似，疫病信息以提取列表、复选框和自由字段等形式记录。输出结果包括临诊记录统计、所有报告病例的统计和访问案例数据及可用于分析的数据。首先，按照临诊症状对疫病进行归类，这样做可避免一开始就使用昂贵的实验室诊断，能降低成本。其次，只要经过培训，不同专业背景的观察者都能实施这种临诊观察。如兽医这种训练有素的动物卫生专业人员当然是最佳人选，但畜禽生产者或兽医辅助人员经过培训也能辨别与特定疫病相关的特异性临诊症状，并根据预先设定的判断依据报告是否存在这些症状。这种监测的核心部分是观察结果的常规报告。随着互联网的普及，网络报告应用软件提供了最快速的报告渠道，在互联网费用可能过高的地区，电话或传真报告是相对便宜的第二选择，纸质信件报告是第三选择。采取哪种报告系统最适合，需考虑费用和及时性之间的平衡。症候群监测可成为畜禽疫病监测的一个有价值的工具。

5.2.6.4　血清学监测和免疫覆盖率

测量感染或免疫后的免疫水平（抗体滴度）是测量感染（或免疫保护率）的简单方法。然而，这并不适用于所有疫病，尤其是免疫力并非由中和抗体提供的情况下（即有限的或完全无抗体产生，如结核病）。事实上，对某些病毒性疫病来说，没有抗体未必代表缺乏免疫力（如狂犬病、伪狂犬病、鸭流感）。

测定免疫覆盖率的两个主要目的是：①在非免疫区评估某疫病的血清学流行率；②根据预先设定的目标（群体免疫阈值）来评估免疫项目的效果。

免疫覆盖率可通过以下方式测定：

- 血清样本（血清学调查）：采集动物血清，实验室测定其针对病原或疫苗的免疫反应（血清学流行率）。应根据研究目标（评估血清流行率、疫苗的有效性或免疫接种的有效性）设定目标流行病学单元和抽样类型（简单随机或分层随机抽样）（表5.1）。例如，在牛瘟根除过程中，必须维持强大的群体免疫力，并采取血清学方法进行监测。不达标的疫苗接种水平（60%~80%）会延长疫病流行并导致持续存在。
- 疫苗接种背景数据收集：通过普查或问卷调查的方式在现场收集免疫接种信息，并在管辖单位查阅可用的免疫记录。

表5.1　依据监测目标测定免疫覆盖率的先决条件

监测目标	流行病学单元	抽样类型	免疫覆盖率输出结果
血清流行率	动物个体	根据免疫接种状态选择简单随机或分层随机抽样（疫苗接种相关情况详见第5.2.6.1节"哨兵动物或动物群监测"）	血清转化的动物百分比
免疫接种有效性（已疫苗接种）	动物个体	简单随机抽样	血清转化的动物百分比（接种动物总数）
	场/群	简单随机抽样	阳性场/群百分比（接种场/群总数）

对一些监测系统来说，采集动物血清开展诊断试验是一个很有用的工具。从目标群采血相对快速，且可在不同场点实施，包括农场、畜禽交易市场和屠宰厂。可对采集的血清进行现场检测，也可立即送至实验室或按预设时间表送样（如冷藏或冷冻保存样本，每周或每月送样）。此外，可将采集的血清存放在"血清库"（比如冷冻），从而为官方兽医机构提供历史样本，以便监测流行性疫病或新发病或外来疫病的变化趋势。

血清学调查可深入掌握病原暴露后的免疫应答情况。暴露于被免疫系统视为异物的某一病原（病毒、细菌、真菌或其他来源的蛋白）后，动物机体产生 IgM（免疫球蛋白 M）抗体应答，大多在 7~10d 内可检测到。IgM 抗体存活时间相对较短，在最初几周就开始下降。在早期 IgM 应答后，机体产生 IgG 抗体。IgG 抗体具有特异性，2~3 周内可检测到并持续升高，从而提供数月或数年的免疫保护。其他抗体较少用于检测免疫反应的血清学试验。黏膜抗体（IgA）对呼吸道或胃肠道抗原产生免疫应答，IgE 抗体在变态反应中常见。

利用这些基本信息来设计血清学调查，兽医机构可计划监测所需覆盖的暴露时段。但阳性检测结果并不能证明疫病存在，仅提示曾有过引发免疫应答的抗原，而采血时不一定仍存在抗原。

血清学监测常用于证明无疫，因为血清学试验可辨别很长时间段之内的疫病暴露。血清学试验也可与 PCR 或病毒分离等抗原试验结合使用。抗原可在血清学试验结果为阴性的暴露早期就检测到。但在动物已康复且病原消失后，血清学试验通常仍为阳性结果。

根据生物体、试验特征以及接种实践，有些诊断试验被设计用于区别疫苗免疫应答与自然暴露（即 DIVA，differentiation of infected and vaccinated animals）。这些试验在使用疫苗控制疫病的情况下对监测暴发非常有用，监测系统必须能在免疫接种群体中识别出感染动物。

血清学调查采用的许多诊断试验检测的都是抗体。常用试验包括酶联免疫吸附试验（ELISA）、酶免疫分析（EIA）、中和抗体试验、血凝抑制试验（HI）、补体结合试验（CFTS）和免疫荧光试验（IFA）。在设计血清学调查时，应针对不同病原采用有效的试验方法［详见《OIE 陆生动物诊断试验与疫苗手册》］，且需妥善安排样本处理、保存和运输。采用专业知识正确解析试验结果至关重要，可确保调查结果符合监测系统目标。

血清学阳性阈值水平、抗体滴度几何平均数和群体免疫阈值（文本框5.1）[11]等因疫病类型不同而异。例如，高致病性禽流感抗体滴度（HI 试验结

---

11 Win episcope．www．clive．ed．ac．uk/cliveCatalogueItem．asp?id=B6BC9009-C1OF-4393-A22D-48F436516AC4
Free Calc/Survey toolbox；http://www．ausvet．com．au/content．php?page=software

果）>4log$_2$定义为血清学阳性。群体样本抗体滴度几何平均数（GMT）≥4log$_2$且70%样本为血清学阳性时，定义为阳性群［也可参考《OIE陆生动物诊断试验与疫苗手册（2009版）》]。狂犬病血清抗体滴度高于0.5单位/mL，则认为动物得到有效保护，且在进入欧盟无狂犬病国家时免除6个月的隔离期。

已研发出确定特定疫病R$_0$（基础再生数）的数学模型，由此可确定控制疫病所需的群体免疫力阈值。这种模型对评估疫病流行期间不同控制策略的效果和预测流行期间不同水平的免疫覆盖率价值很大。

文本框5.1

　定义和计算：

　抗体滴度几何平均数（GMT）

　抽样群体抗体水平的指示器。GMT随时间下降，因此也是近期感染或接种疫苗的指示器。GMT的计算通过测量血清学阳性动物（血清学阴性动物不计算在内）算数平均数的反log$_2$来实现。

　　阈值（或称临界值，cut-off point）

　动物被定义为血清学阳性的最低抗体滴度。

　　感染概率或免疫接种有效性

　抽样群内血清学阳性（抗体滴度≥阈值）动物的百分比。

　　群体免疫力阈值（HIT）

　阻止疫病传播所需的最低免疫覆盖率。HIT与R$_0$（基础再生数）有关，R$_0$为易感群内一个感染动物引发的续发感染动物数。R>1，流行发生；R<1，无流行。根据下面的公式计算HIT：

$$HIT = 1 - \frac{1}{R_0}$$

　　血清学调查的随机抽样

　根据估计的覆盖率、群体总数和可接受误差计算样本量。在互联网上有计算样本量的免费软件。

5.2.6.5　虫媒监测

（见第4.4.4节）

虫媒监测对于控制虫媒疫病至关重要。畜禽总量在世界范围内持续增长加之国际贸易日益频繁，虫媒疫病暴发的可能性日益增加。虫媒疫病对世界卫生有显著的不利影响，并且许多虫媒的活动范围正在向新的地区扩散。

虫媒疫病如蓝舌病、裂谷热、非洲马瘟等均对家畜造成重大威胁，特别是在全球气候改变的影响下。

虫媒监测（vector surveillance）用于确定地理分布和虫媒群体密度的变化，并为可能的控制措施提供决策依据。虫媒监测也有助于识别在短期或长期内出现虫媒群体增长的地区。有许多发现和监测幼虫媒与成虫媒群体的方法。需根据监测目标、关注的虫媒、当前虫媒群体的丰度和可用资源等选择恰当的抽样方法。

抽样方法

《OIE 陆生动物卫生法典》第1.5章提供了节肢动物门虫媒监测相关建议。虫媒群体的常规抽样对估计节肢动物群体的感染或无感染比例至关重要。通常采集节肢动物并将活体或在酒精内保存的虫体送至适合的实验室检测有无感染。采集方法与处理、包装方法视虫媒而定。采集方法还根据涉及的特定病原而定。按照监测目的来诱捕、鉴别节肢动物，并按照性别、年龄和生理类型分类，然后为进一步检测进行计数和分类。

通过抽样确定表观虫媒数量是虫媒监测的一个重要方面。估计区域内的虫媒丰度非常重要，因为某些虫媒疫病的暴发与虫媒丰度具有很强的相关性。虫媒可能存在于一个没有病原的区域，但尽管没有病原，虫媒的存在仍会对当地的畜禽和人类造成威胁，相关疫病病原一旦进入就可能导致疫情暴发。例如，在欧洲有一些库蠓品种，一旦引入非洲马瘟（AHS）病毒，将会成为传播病毒的载体。同样，存在于美国的花蜱也是许多病原的载体，美国虽无某些病原，但这些病原存在于加勒比海地区，在有花蜱存在的情况下即有传入美国的可能。很显然，一个国家或地区内虫媒的存在不能直接指示疫病状态，但确实能提示潜在的风险。

虫媒监测的抽样工具有很多。工具的选择基于所关注的节肢动物和监测目标。灯光诱捕已应用于各种飞虫，包括蚊子、蠓、蚋、沙蝇和马蝇。新泽西灯光诱捕法（New Jersey light trap）是一种传统的捕蚊方式，使用的是普通灯泡。南非豪登省灯光陷阱（Onderstepoort light trap）或疫控中心灯光陷阱（CDC light trap）均使用紫外灯。设计诱捕通常是为了吸引某种特定的节肢动物或特定生长阶段的虫媒，例如成年雌性虫媒。使用二氧化碳的蚊子陷阱大多吸引的是正在寻找血液的雌性蚊子。

无论捕捉哪种昆虫，重要的是具有系统的抽样设计，因为这对确定某一地区相关虫媒的丰度至关重要。整个研究过程可采用同种诱捕方式，以使偏倚最小化，从而避免采用多种诱捕方式产生较大偏倚。通过收集成虫和幼虫来测量蚊子丰度，灯光陷阱用来收集成虫，用长柄勺（long-handled dipper）收集幼虫和蛹。对不能飞的蜱和其他体表寄生物需用不同的采样设备，许多硬蜱（hard tick）在植物上"寻求宿主"，故可通过在植被表面拖拽大方布来收集。如果植被太厚，可将方布制成能用来摇曳的"旗帜"摇曳植被表面。对于正在"搜寻宿主"的蜱，可在地面设置二氧化碳（CO_2）诱捕装置，吸引蜱进入黏滞表面完成采集。也可在宿主身上采集蜱，但这种方法可能因宿主的移动而比较困难。可用诱捕活的哺乳动物宿主的方式来进行跳蚤（flea）监测。捕捉采采蝇（tsetse fly）可使用各种诱捕器，如覆着黏性材料和化学引诱剂的彩板。捕捉黑蝇（black fly）和吸血蠓（biting midge）可用几种灯光诱捕器或与捕捉采采蝇相似的设备，用彩色图形和黏滞板吸引苍蝇。对于家蝇（house fly）及其同族的双翅目昆虫，如蝇蛆（screwworm），可用气味诱捕器来捕捉，而用马氏网（Malaise trap）（在幕布下面悬挂一个金字塔状的网）来捕捉马蝇（horse flies）。

根据监测系统目标可将捕捉的虫媒按属和种进行分类，或检测是否存在特定病原［如蚊子体内的西尼罗病毒或篦子硬蜱（Ixodes ricinus ticks）体内的伯氏疏螺旋体（Borrelia burgdorferi）］。若监测目标是发现外来虫媒物种，则诱捕装置应尽可能灵敏（能发现少量个体的存在）。如果数据用来评估虫媒丰度和预测疫病发生的风险，则捕捉到的昆虫必须反映出自然状态下摄食宿主昆虫的多样性和数量。收集此类信息的最佳方式是采用动物诱饵进行诱捕，但诱捕装置有时不便于操作，这时灯光诱捕或二氧化碳为诱饵可能更有用。

除诱捕虫媒本身外，也可使用抗虫媒唾液蛋白抗体等间接指标证明虫媒存在与否。例如，犬类血清抗体滴度可用于评估内脏型利什曼病（visceral leishmaniasis）主要虫媒的暴露强度。此类数据可用于评估虫媒控制项目的效果，但其有效性受现有诊断试验缺乏特异性的限定。

实施虫媒监测时，诱捕装置的类型、数量和位置非常重要。抽样框必须符合虫媒的自然属性（如昆虫还是蜱）以及生态学和行为学特征。例如，肩突硬蜱（Ixodes ticks）爬上植物，等待宿主接触这些植物。相反，璃眼蜱（Hyalomma ticks）则主动寻找宿主。因此，在植被表面拖拽一块布对收集肩突硬蜱有效，但对收集璃眼蜱无效。此外，因为节肢动物对其所处环境非常敏感，诱捕地点必须选在它们最喜欢的环境。因此，设计虫媒监测系统时，绘制虫媒常出没的环境地图非常关键。绘制这类地图要求准确掌握虫媒生态学知识、现场数据和高级建模技能等，以便能识别关于虫媒生存或丰度等最重要的生物或非生物特征（温度、相对湿度、土地覆被宿主等）。如果没有地图，诱捕装置可根据专家意见放置。

探查和鉴别

在虫媒监测项目中，在特定的时间和空间系统地收集虫媒非常关键，并且应采用形态学或分子生物学方法确定其种属。准确地鉴别节肢动物非常重要，尤其是在所关注的疫病还未在某地区根植时，因为有些节肢动物是多种疫病的媒介。此外，虫媒监测可包括从虫媒样本中分离鉴定病原体，这对于人兽共患病非常重要，在动物病例之前，可首先在虫媒上发现病原体。然而，对常规监测来说，从虫媒体内分离病原可能成本效用比较低，裂谷热就是一个例子。

如果虫媒监测的目标是分离病原体以进行鉴定，则应采集活体节肢动物并妥善保存以备检测。在将节肢动物收集、分类、鉴别、标记并放入适合的容器后，将其运送到适当的实验室检测病原体。节肢动物的保存和运送程序根据节肢动物种类和待检病原体而不同。对如瘟疫等一些节肢动物传播疫病，检测脊椎动物宿主比检测节肢动物虫媒本身更有效。脊椎动物宿主常用于虫媒病毒监测项目，以监测蚊子群体内的病毒。

未来虫媒的监测

全球气候变化很有可能会导致许多虫媒传播疫病从传统的范围向外扩散，这会导致更多地使用虫媒监测系统。日益完善的诊断、生态学知识和报告有助于未来的虫媒监测系统。随着展示和分析流行病学数据的地理信息系统（GIS）的日益发展和完善，信息处理的准确度、有效性和时效性得以不断提高。我们可以追踪动物疫病发生的季节和年度间趋势，并通过叠加气候、植被和其他因素的数据，对可能的虫媒疫病暴发进行有效预测。目前，卫星技术提供的环境数据（如温度、湿度和土地覆被类型等）可用于虫媒生境识别或描绘。遥感技术（remote sensing technique）已应用于绘制由蚊、蜱、黑蝇、采采蝇和沙蝇等虫媒传播的疫病分布图。

全球气候变化可能会引起虫媒和病原分布、病原传播方式和虫媒宿主相互作用方式的变化，进而影响虫媒疫病的流行病学。当前的挑战是发展虫媒监测系统，保证持续地收集虫媒的流行病学信息以及存储、处理和分析数据，以监测虫媒群体的变化，预测群体未来的变化。虫媒的地理和季节分布受气候和土地利用变化的影响，因此持续的虫媒监测结合气候相关的环境因素可用作预测指标。卫星测量（satellite measurement）和遥感技术不能识别虫媒本身，但能识别和描述适合的虫媒生境（vector habitat）。遥感技术可协助按季节绘制虫媒分布图和疫病风险图，有利于监测疫病分布和风险随时间的变化。显示虫媒疫病季节性风险的地图对于监测气候变化对虫媒的影响至关重要。遥感技术也可用于确定环境因素对虫媒扩散的影响。遥感和其他地理空间技术对任何虫媒监测项目都必不可少，并且也是预测性兽医流行病学的重要工具。

5.2.7　化学残留监测

5.2.7.1　引言

本节概述了化学残留物监测（chemical residue surveillance）系统设计中需考虑的独特性和变量。

随着农业现代化和生产系统的集约化发展，动物产品给消费者带来的风险从肉眼可见变得不易察觉。例如，如今在大多数发达国家，猪肉中看不见的化学残留风险比猪囊尾蚴可能带来更大风险。目前，各国对动物产品的残留污染（如二噁英类、三聚氰胺和重金属污染等）都有详细报道。目前生长激素、用于治疗和预防的兽药以及环境污染等因素都会导致动物产品存在化学残留的风险，因此，必须扩展传统动物产品检疫的方法，提高对化学残留监测的重视。由于消费者的认知度提升和动物产品化学残留可能对国内外贸易市场造成的影响，监测化学残留的需求与日俱增。目前已证明，某些兽医治疗已实际造成卫生风险，所以一些物质被禁用于食用动物饲养领域（如氯霉素）。由于这些原因，化学残留物监测成为当今大部分国家食品安全和兽医领域疫病控制的重要组成部分。此类监测系统既可用作早期预警系统来监测动物产品中的化学残留，也可作为法律控制手段，用于起诉提供不可接受残留量的动物生产者。化药残留监测系统也是动物产品国际贸易认证中所要求的重要组成部分。

随着科技发展，实验室化学分析可检测到动物产品中含量极低的化药残留，因此，只要曾给动物用过某些化学药物，就永远不能宣称无此药物残留。另外，鉴于某些化学残留的残留量极低或用药多年后也能检测到，开发了动物和其他农产品"可接受残留水平"的概念。可接受残留水平（acceptable residue level）指动物产品内可允许的不影响人类健康或产品加工的最大剂量或浓度的残留物，用最大残留限量（MRLs）表示。最大残留限量标准由FAO/WHO食品添加剂联合专家委员会（JECFA）制定。最大残留限量标准以每日人体摄入量和会危害人类健康的残留总量为基础。JECFA是由联合国粮农组织（FAO）和世界卫生组织（WHO）联合组建的专家委员会，虽然不是国际食品法典委员会的官方部门，但为国际食品法典委员会及其委员提供独立的专家建议。

5.2.7.2　化学残留物监测系统应具备的前提条件

国家化学残留物监测系统应具备以下前提条件：

国家立法

国家立法应与《OIE陆生动物卫生法典》第3.4章一致，应囊括该国关于授权管理以及兽药使用的所有方面，应就所有食用动物产品所涉兽药和环境污染物，规定法律允许的最大残留限量。应禁止在市场移动含有或可能含有超过法定最大残留限量的动物产品，同样禁止销售含有任何非法药物残留的动物产品。还应立法保障化药残留检测样本的采集及其控制、运输与分析。同时应对监测结果报告和采取的针对性措施予以规定。

兽医能力

应基于某国家、区域、动物产品或季节的特定风险分析，具备足够的兽医能力来规划监测系统。应在必要的时间、地点有足够的人员进行样本采集。监测系统的数据应由具有足够资历的人员进行储存、分析和报告。如果检出污染物，需由兽医专业人员开展紧急后续行动，包括开展调查和对相关责任人进行起诉。

实验室能力

合格的化学分析人员应确定每种或每组残留物的分析方法、采样组织和检测阈值。检测实验室对有些药物不仅需检测物质（化合物）本身，还应检测动物体内的各种代谢产物。

化学残留监测系统要求具备设备齐全的实验室、能够胜任的实验室工作人员以及经认证的分析师，这样的实验室可在本国内也可在其他国家。监测方法是否符合国际标准直接关系到结果的可信度，在把检测结果用于法律诉讼时尤其重要。

实验室能力应可保证在某一合理时间段内完成所有样本分析。如果样本分析与采集时间间隔太久，会由于动物产品代谢物退化，而错误地产生低残留值。采样过密而超过实验室的负荷能力，可能会加大样本采集与分析的时间间隔，导致无法达到监测系统的目标。

预算规定

以筛检的方式来检测残留有助于降低成本。然而，还须提供用于疑似样本确认试验的分析预算。符合国际标准的样本采集、运输和储存成本也应列入成本计算中。若与其他动物卫生计划同时进行，将有助于降低整体成本。按照国际标准运输、存储会局部增加成本，但可能有助于降低整体成本。监测系统的范围特别是监测的代表性可能受到资金限制。

交流

有效交流是化学残留监测系统成功的关键。重要的是交流样本收集的所有方面，如频率、样本的选择步骤、时间、地点、底物（即所采集的组织）、采集组织的数量等。还要交流处理样本前的细节，如离心血液获取血清、样本编号、证据链（如有要求）、实验室提交形式和要求、运输方法和要求、运输费用等。实验室要及时确认收到和接收样本，分析结果应由实验室报告给监测负责人。为保证系统程序的标准化，监测系统应向参与人员提供适用的政策、操作手册和培训，这对于保证结果的可比性和可靠性非常关键。向食用动物产品生产方和消费者交流已知风险也很重要。风险交流有时可能涉及某种产品从市场上的紧急召回，所以需提前制订应对计划。

5.2.7.3   化学残留监测系统的规划

规划化学残留监测系统时应考虑以下几点：

监测目的

应提前考虑监测系统的产出以确保达到预期目的。实施化学残留监测需回答以下问题：

– 监测系统的设计是否能够测定一个或多个食用动物产品中存在一种或多种化学残留（频率和浓度）？这种类型的监测用于识别对消费者的风险，也可用于指导生产者和兽医按规定使用兽药，尤其是休药期的执行。也可用于环境污染的早期预警系统。系统生成的报告也用于证明兽医治疗符合法律规定，或不存在环境污染。如有必要，可实施适当的纠正措施。

– 监测系统的设计是否能够确认动物产品中不存在任何非法用药？监测的唯一目的是确认黑市上没有非法药品，且生产者没有非法使用非法药品。

– 监测系统的设计是否能够用来执行现有法律？如果发现任何残留物超过法律规定的最大残留限量，将立即采取法律行动。

– 监测系统的设计是否能够为出口认证提供保障？在这种情况下，抽样仅限于出口的产品，并参照进口国规定的最大残留限量和其他标准。

– 监测的目的是否综合了以上几点？

监测系统应调查的化学残留物

为确保现有经费的最佳利用，建议采取基于风险的方法（见第5.4.1节）选择需纳入监测系统的化学残留物。也就是说，应基于食用动物产品最大残留限量超标的可能性及其严重性来选择需检测的化学残留物。食用动物产品中的化学残留很少对实际消费者有直接危害，但会打击消费者信心，降低产品销售或造成出口市场丢失。

许多因素会导致动物产品含有某化学残留物。这些因素包括环境污染水平，某兽药在国内、特定产业或动物种群中的用量，兽药分布和使用监管程度等。其他因素包括畜群总体健康状况（疫病暴发可能需增加兽药使用）、生产周期内的用药时间（用药时间离屠宰时间越近，肉品中发现残留的可能性越大）、某特殊物质的休药时间（休药期越短，产品中残留风险越低）、季节因素（潮湿季节使用更多的驱虫药物）、产业内部控制措施（如广泛实施良好的农场实践）等。

化学残留监测系统应考虑易被污染的特殊动物产品的消费模式。应更加注意人均消费量较高的动物产品中可能存在的化学残留物，特别是其相应生产系统加大产品中存在残留物的可能性。例如，一些集约化生产系统可能常规性使用促生长物质。

出口认证是确定需纳入监测的化学残留物的另一因素。

根据潜在污染源决定对环境污染造成的化学残留进行筛查，如采矿活动、化工生产、核泄漏、密集的作物施肥、除草剂或杀虫剂使用等；或根据土壤高浓度重金属（如镉）污染史。

确定特定兽药的用量可通过分析兽药生产销售公司的年度销量，或调查当地兽药零售商获得畜禽生产者和兽医诊所的兽药使用量。也可考虑化学残留物的历史监测数据。了解特定动物产品的生产周期对确定生产过程中的风险期及制订相应抽样计划至关重要。

饲料成本也可能在使用生长促进物质方面起作用。增加饲料成本可能促使生长促进物质的使用以确保农场的盈利。

综合化学残留监测系统应考虑各类残留物

应考虑利用综合化学残留监测系统检测以下代表性药物和污染物：

- 生长促进物质（growth-promoting substance）：芪类化合物（如己烯雌酚、己烷雌酚、双烯雌酚），具有雄激素作用的类固醇（如睾酮、去甲睾酮、去甲雄三烯醇酮）、孕激素（如甲羟孕酮、羟甲亚甲孕酮）和有雌激素作用的药物，抗甲状腺类药物（如硫尿嘧啶、甲硫咪唑）、β-兴奋剂（如盐酸克仑特罗、莱克多巴胺、沙丁胺醇、齐帕特罗），以及合成促生长剂[比如二羟基苯甲酸内酯（如玉米赤霉醇）]。
  - 禁止用于动物生产治疗的药物（如氯霉素、硝基呋喃类、硝基咪唑类）。
  - 抗菌物质包括抗生素（如四环素、青霉素、泰乐菌素）。
  - 抗球虫药（如拉沙里菌素、莫能菌素、马杜拉霉素、盐霉素、甲基盐霉素）。
  - 驱体内寄生虫药物（如地巴唑、左旋咪唑、吡喹酮）。
  - 驱体外寄生虫药物（如因氨基甲酸酯类白、拟除虫菊酯）。
  - 其他兽药（如双甲脒），包括抗炎药物（如保泰松、氟尼辛）。
  - 霉菌毒素（如黄曲霉毒素、赭曲霉素、玉米赤霉烯酮）。
  - 环境污染物如杀虫剂，包括有机氯、有机磷和重金属（如铜、汞、砷、铅）。

应根据药物使用的普遍程度来选择综合化学残留物监测系统的目标残留物。

残留物分析样本

化学残留物分析样本应是加工前的食用性动物产品，这些产品必须符合法律规定的最大残留限量。在生产过程中，动物体内残留物浓度可能会超过规定的最大残留限量，如在刚用完兽药后，但只要遵守规定的休药时间，就可确保最终产品中残留水平低于法定残留量。

残留物监测有时还包括验证未使用非法或禁止物质，适用样本为饲养阶段的活体动物血液（血清）和尿液等，以及以场为单位采集饲料槽中的饲料样本。这种场内监测基于一种假设，即在食用产品投放市场前，可观察到非法药物休药期。

化学残留监测的常规样本包括奶、蜂蜜、蛋、脂肪、肾脏、肝脏、肌肉、血液、血清和尿液。样本选择根据不同残留物而异，视靶器官或代谢路径以及实验室分析方法而定。

野外捕获猎物肉品通常监测重金属和农药等环境污染物。如有家养动物药物或饲料意外暴露证据，可加以考虑，但对于猎物肉品残留监测无重要意义。

样本数量

化学残留物监测所需的样本数量取决于特定动物产品在消费中的相对比例、监测所需的代表性程度、可用经费、人员能力和实验室能力。虽然较高置信水平的代表性样本最为理想，但鉴于能够发现超过法定最大残留限量的样本数量相对较少，且样本分析成本较高，导致很难获得完全具有代表性的样本。因此，需采集能够负担的最大样本量，如目标采样，从而提高违规样本的检出率。采样目标可为待宰的患病动物、有注射标记的动物、用药较多季节将被屠宰的动物或集约化生产系统等药残浓度超过最大残留限量概率较高的养殖场。还要谨记，监测系统目标残留物种类越少，越需更多经费用于更具代表性的样本。

采样地点

可在运输、打包和配送等动物产品最终加工前的多个阶段采集化学残留监测样本。采集地点的选择视样本种类、终产品分布、样本收集成本、人员可用性、地理代表性或靶向抽样框和样本运费等因素而定。通常在产品链的终端采集以研究产品合法性为目的的样本，而在动物饲养农场采集以禁用药物检测为目的的样本。可在零售分销阶段采集食用动物源产品样本，如鸡蛋包装室、奶牛场奶罐或屠宰厂动物胴体组织样本。对于法律监管项目来说，重要的是样本可追溯性，采样地点越靠近农场或生产单位，越容易追溯到样本来源。

采样时间

根据监测设计决定采样时间。目标采样与随机采样不同，随机采样旨在确保采样代表性，针对全部产品、所有区域和整个生产阶段，必须明确规定和告知采样时间。

5.2.7.4　结论

必须根据预期结果对化学残留监测系统持续进行评价，以确保持续改进。应定期复审化学残留监测系统设立初期考虑的因素可能发生的改变，以确保系统持续的实用性。在内部广泛发布监测结果、向包括消费者在内更广泛的受众发布监测结果，可确保获得对监测系统的持续支持。监测结果如表明有潜在或发展中的风险，则应实行干预措施，对用药明显违规产品或产业也应实行干预措施。如不采取纠正措施，则很难维持系统的长期持续性。正在进行的监测应以评估解决问题所取得的进展为目标。首次建立化学残留监测时，需聚焦于给区域构成最大风险的残留物，从较少的样本数和残留物数量的小型监测计划起步，随后可逐渐扩展监测规模，以获得更多数据。

5.3　交流、报告和信息共享

及时向相关方发布监测信息是有效的动物卫生监测的重要组成部分。《OIE陆生动物卫生法典》第3.3章中规定了兽医机构信息交流的相关标准。有效的监测系统应可提供影响决策的信息并引发相关行动。理想情况下，在制订监测实施方案期间就应制订信息交流方案。

信息交流方案应规定以下内容：

- 所有应接收监测信息的利益相关方；
- 每个利益相关方所需信息，包括所需的监测信息种类和接收频率等；
- 如何将信息提供给各利益相关方，包括交流形式（如正式报告、总结报告、详细数据报告）和信息传递方式（如信件、电子邮件、网页发布）；
- 谁负责向每个利益相关方提供监测信息。

兽医机构内部各利益相关方需要的信息类型和报告频率都不同，应尽可能为之分别定制信息交流内容以满足其特定需求。领导和决策者需及时了解利用监测系统发现的疫病事件，可能还需给他们提供关于系统状态和性能表现方面的定期简报。管理者可能需要全面描述规模、频率和地域分布等更为详细的信息报告，以用于评估和改进监测系统以及经费预算。数据收集者和实验室工作人员经常需要关于其单位对整个监测系统贡献方面的信息，以及有助于其管理当地监测任务的完成状态和效能等信息。监测系统内各组织层面的定期交流会提升各利益相关方的自主性及其贡献。

监测交流方案还应满足外部利益相关方的交流和信息需求，外部利益相关方包括其他国家或地方政府机构和公众，交流方案还要考虑就疫病检测以及监测系统常规性能进行交流。

监测报告和交流应及时和有意义。报告频率取决于监测系统的目标、疫病和目标群以及利益相关方的需求。重要的是要考虑到不同分析阶段和干预阶段所报告数据的影响和后果，以及延迟报告的影响和后果。

5.4 优化监测系统的工具

优化监测系统可确保以最低的成本获得最大的监测价值。在资源紧张的情况下，监测资源需按照各种热点疫病和决策、产业、地区或时间进行分配。因此，大多数监测计划应在没有过度采样和高费用的条件下获得可靠的疫病状况信息。

是否需要新的或正在进行的监测数据取决于疫病状态现有证据的可用性和充分性，还取决于根据监测结果做出的决策和行动的价值。在疫病不确定性高和疫病后果严重的地区或种群，需加大监测力度，而在已有足够证据的地区，则相应缩减监测力度。同样，疫病早期发现的效益和成本同疫病引入风险一起，推动新监测产生成本效益。因此，经济的、历史的和流行病学的信息都有助于扩大规模或针对性地开展监测工作，以在最大限度地降低资源需求的同时使决策支持价值达到最大化。然而，将分散的信息源和信息种类整合到单一评估中并不总是一个理想选择。

整合证据流的方法从定性到定量不等，这是一个正在不断发展的领域。本章前面已介绍了有助于优化监测系统或监测价值成本效益分析的工具。

5.4.1 基于风险的监测

基于风险的监测（risk-based surveillance）是一种有意不考虑代表性的主动监测机制，不针对整个群体进行代表性抽样。通常抽样具有"偏阳性"的特征，与未被纳入的动物相比，监测纳入的动物具备某种特征的概率更高。这意味着达到目标水平监测敏感性所需的动物数量更少，或意味着检测给定数量的动物可获得更高的监测系统敏感性。基于风险的监测适用于动物个体、群体或区域水平（或多种水平）的监测，而且既可基于单一风险因素也可基于多个风险因素。

因此，为发现疫病或证明无疫，基于风险的监测是提高监测系统效率的重要工具（文本框5.2）。量化最终系统的敏感性取决于对与疫病相关的风险因素的良好理解。

文本框5.2

基于风险的监测以支持无疫认证：
抗体滴度几何平均数（GMT）

　　在患病率或风险处于某个非常小的范围时，需放弃统计学而运用流行病学常识。关于这一点，应采用疫病"陷阱"。偷猎兔子时，仅需在大部分兔子经常活动的地方布下陷阱，而无需在整个郊外遍布陷阱。同样，如果某疫病的监测系统积极地对特定风险地方进行监视，并且在一段合理时间后没有监测到任何疫病，则疫病不存在。

　　在生产实践中，可通过某些在风险因素出现时（如果疫病存在）发生概率不同的易识别的特征来选择抽样单元（如动物个体或群体）。基于风险监测的正效益是只需要从当地高风险群体中采样而不是从全群中抽样。这些风险因素可能是：

　　（1）疫病的致病因素

　　例如频繁引进新动物的场可能比封闭场患病风险更高，因为新动物可能引入（并因此引发）疫病。

　　（2）疫病引发的因素

　　在一个场内检测约翰氏病（Johne's disease）（由副结核分支杆菌引起）时，由于约翰氏病在临诊期会引发腹泻，因此，检测有腹泻的动物而不是没有腹泻的动物效率会更高。

　　（3）与上述因素相关的非致病因素

　　小规模饲养户通常不是商业化的，生物安全资源相对较少。生物安全不足是疫病入侵的原因，但饲养规模会合理预示这一因素。当然，不排除某些小规模饲养户具有很高的生物安全水平。基于风险监测的目的是用一个很容易获得的标识将群体分成平均疫病风险不同的小组。根据饲养规模寻找信息比逐个考察每个饲养场的生物安全水平容易得多。

　　（4）与"未发现"疫病相关的因素

　　例如，口蹄疫暴发后设计血清学监测时，基于风险的抽样可集中在小型反刍动物监测（其临诊症状不易被察觉）上，对牛群则采取临诊监测。

　　基于风险的指标对分配监测资源具有指导作用，可将资源分配到最急需监测的地区或群体，而减少对情况已知地区的监测。例如，根据历史数据、风险因素评估或专家意见证明，假设不存在某病，这一有证据的假设强度可影响监测要求的新数据量。风险因素可被用作排除或纳入标准，或作为权重因子，以确定特定地区或动物群体的监测需求，如下所述：

- 易感宿主动物的存在是出现疫病的必要条件。该风险因素经常用作确定某国家或地区是否需要疫病特异性监测的标准。如果不存在易感动物，则不需要结构化监测就可以推测无疫。

- 与已知感染地区有贸易史是疫病传入的风险因素之一。如果可根据流行病学研究或专家意见估计风险因素强度，那么具有保护措施的国家或地区（如全面检测或不引进感染地区的动物）可有理由减少监测。

优先监测发病概率较高群体并优先选择高风险亚群的监测方案能获得最高的监测效率。例如，首先，兽医机构可基于已知发病概率来优先评估某一区域的监测需求。了解保护性措施（如进口法规）可证明降低对某区域的监测敏感性是合理的，从而可减少大范围的广泛抽样。其次，兽医机构可将监测目标群转向因感染而发病可能性最高的亚群（如生物安全水平较低的小规模饲养户），因而可通过更小的样本量获得更高的监测敏感性。即使系统敏感性较低，也可通过长期监测结果结合现有知识来达到证明无疫所需的置信度。

深入了解群体风险结构和风险因素的预期影响有助于设计和分析基于风险的监测方案：

- 相对基于风险或似然比等流行病学关联性的测量估算而言，进行数据分析和监测系统敏感性估算或基于风险的评分制监测系统至关重要（OIE疯牛病国家风险分级系统依赖于基于评分制的监测系统）。

- 如果关联测量不正确，估算出的监测系统敏感性将存在偏倚。最糟糕的情况是错误地聚焦于低风险群体而非高风险群体，此时监测敏感性实际上变得很低。

关于基于风险的监测数据分析，可查阅以下文献 Scholosser and Ebel、Cannon、Hadorn et al.、Martin et al.、Gustafson et al.、Williams et al.，或访问网页 freedom.ausvet.com.au。EpiTools[12] 提供了一组有用的工具，用于许多基于风险的监测方案敏感性和样本量计算。

5.4.2　多来源数据的整合

随机数据分析

许多监测系统通常需经过很长时间依赖多个数据流或数据单位协同工

12　http://epitools.ausvet.com.au

作，以达到所需的监测系统敏感性或无疫置信度。例如，对高致病性禽流感的监测可能包括临诊疫病调查、有代表性的定期血清学监测和常规基于风险的监测，并针对高风险养殖企业增加采样量。管理和分析不同且复杂来源的数据很具挑战性。

　　情景树模型（scenario tree model）是一种已成功应用于处理复杂监测系统分析的方法。情景树模型具有很强的逻辑性，直观地显示如何通过动物群体和路径找到感染动物。每一路径的各个步骤都有相关概率，情景树（包括所有路径）用来评估监测系统敏感性和证明无疫的置信度（阴性预测值）。图5.2显示家禽禽流感临诊诊断监测系统的简化情景树。

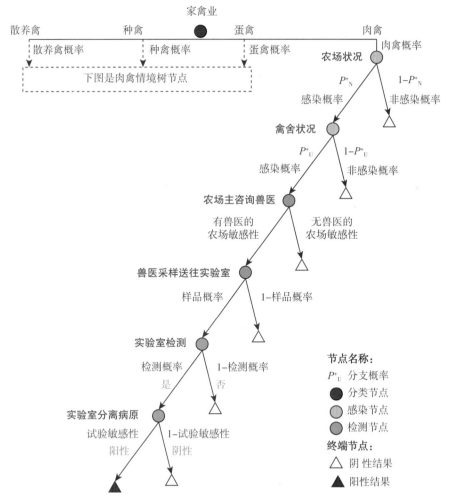

图5.2　家禽禽流感临诊诊断监测系统的简化情景树

摘自 Sergeant et al.

情景树分析法具有许多优势，是处理复杂数据和不同来源（监测的组成部分）的数据集成或长期积累数据的理想方法。

- 明确不同亚群不同程度的风险可通过在情景树特定节点上标记风险特征来实现。可根据群体比例和预估的相对风险，用节点来调整亚群（分支）之间的风险。

- 复杂的监测组成成分，比如基于养殖场报告的普通监测，可通过将调查过程每一步骤都清晰地标注在情景树中来实现。

- 多个监测组成成分（如临诊监测和血清学调查）可通过为每个成分构建以调查过程来显示主要差异的相似的情景树来实现。假设各成分之间相互独立，则可将每个监测成分敏感性的估计值组合起来以计算监测系统整体的敏感性。

- 监测组成成分之间缺乏独立性（对同一场户的不同监测组成成分进行检测）时，可在计算系统整体敏感性之前，根据另一方式对同一场户的监测结果调整动物个体水平（或其他流行病学单元）感染概率来进行校正。例如，针对一种疫病的监测系统可包括两个单独的监测成分：在高风险场户的现场检测和在屠宰厂的眼观检查。对于已包括在屠宰厂检测的饲养场户，应考虑是否还需包括在现场检测中。由于对接受现场检测的饲养场户已有所了解，基于测试已完成，对于检测相同数量的动物来说，这些动物对屠宰厂整体敏感性的贡献会小于未接受现场检测场户。

- 在多个时间段内积累的证据（一种或多种监测组成成分）可通过计算监测系统每一时间段的敏感性，然后使用贝叶斯校正来更新每一时间段无疫的置信度（阴性预测值）。在这个过程中，第一个时间段要求无疫的先验概率，然后每个时间段的阴性预测值减去在此期间发生感染的概率，作为下一个时间段的先验概率。

- 贝叶斯校正过程还可调整从风险评估或专家意见中得出的疫病无疫状态的先验证据。在这种情况下，将风险和监测证据结合来为最高层次的分析（如在情景树的"源头"或顶部），以评估某疫病无疫的置信度（阴性预测值）。应用贝叶斯定理，例如，区域的风险因素强度用似然比来表示，监测系统数据提供了疫病的先验相对风险。通过这种方式，在对监测依赖减少的同时，也能够持续保持具有保护机制地区或国家的无疫状态。

- 最后，因为情景树分析基于概率模型，所以用概率分布来描述关键参数（相对风险和敏感性）更容易把真实值的不确定性考虑进去。这意味着，例如系统的敏感性和阴性预测值等分析结果也可以概率分布形式表示。

5.4.3 流行病学模型

流行病学模型是优化现有或计划中的动物疫病监测系统的有价值工具。

流行病学模型以逻辑或数学方式表示疫病的流行病学和关联过程，利用现有疫病信息对未来或在不同条件下可能发生的事件做出有根据的推测，提出"如果……就会……"的问题，并比较不同行动所产生的结果。

2011年，OIE在《科学和技术评论》中，专门介绍用于控制动物疫病的流行病学模型。该刊物的出版旨在世界范围内提高兽医机构及其合作伙伴对利用模型方法防控动物疫病的理解。

流行病学模型可简单也可非常复杂，但只要能够回答所提出的问题，所有类型的模型都是有用的。如果将参数指定为点估计数据，并保证每次运行模型的结果相同，则模型就可能是确定性的。模型也可能是随机的，前提是其中的参数代表一个范围，而不是一个单一的值。在随机模型的模拟过程中，模型每次都会从取值范围内选择一个参数。模型每次运行时，结果也可以不同。这些模型通常会运行多次，对结果进行全面分析后输出最终结果。由于生物学差异或不确定性，在需以概率分布的形式体现输入值的变化时，可使用随机模型，详见《OIE动物和动物产品进口风险分析手册》。

以下简要概述适用于监测系统各个部分的一些模型。

流行病学模型可用于：

- 设计监测系统，具体通过：
  - 将潜在的疫病暴发可视化，以利用这些信息制订监测计划；
  - 对加强监测非常有用，确定监测针对何处和如何实施，如地点、群类型或大小；
  - 计算样本量以进行靶向监测或基于风险的监测。
- 评估现有的监测系统，具体通过：
  - 将潜在的疫病暴发可视化，以利用这些信息评估监测系统；
  - 研究加强监测对潜在暴发规模的影响；
  - 协助估算监测系统的敏感性，如果疫病存在，表示为成功发现疫病的概率。
- 评估疫病控制项目，具体通过：
  - 协助评估监测系统的有效性或充分性；
  - 根据避免的疫病暴发后果（生物学、经济、社会等），估算监测的价值；
  - 获得监测数据后可评估新发病率或流行率的变化。

　　流行病学模型可用于估算疫病不存在于某群体或群的概率（见第5.1.2节）。如果没有检测所有动物，就不能证明某群体没有疫病或没有感染，但使用样本数据的模型就可估算该群体无特定疫病的概率，以及该概率的可信度。模型允许对抽样结果进行更为复杂的评估，用户能够将试验性能、抽样精度、畜群集群性或其他因素等方面存在的不确定性也计算在内。基于风险监测或目标监测常用来提高感染动物的检出率（见第5.4.1节）。模型可用于为随机性调查或基于风险的监测计算样本量大小，以期在一定的置信水平范围内宣布疫病流行率小于预设值（"设计流行率"）。另一优势是在评估证明无疫的监测时，模型会考虑疫病传播的复杂性、不确定性以及生物学差异性。图5.3显示一个旋毛虫感染的例子。

因素	描述	数值	信息源
1	每年检测样品数量	2.3亿	屠宰统计数据
2	设计流行率（"可忽略风险"）	10^{-6}	EFSA报告
3	试验方法敏感性(Se)	0.40	文献估计
4	每年预测病例数量	23	$2.3亿 \times 10^{-6}$
5	监测系统敏感性(SSe)	99.99%	$1-(1-0.40)^{23}$
6	前年传入疫病概率	1.3%	1/(无疫年份数量)
7	前期感染概率	50%	未知起始值
8	后期无感染概率	—	模型估计
9	调整后期无感染概率	—	模型估计
10	连续7～9年重复	—	模型

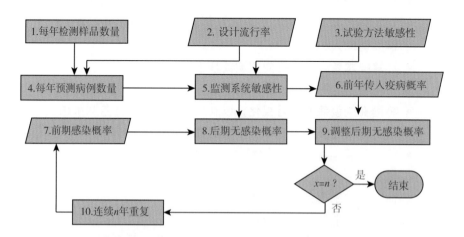

图5.3　确定丹麦屠宰厂猪群未受旋毛虫侵害的累积概率（"置信度"）仿真模型示意，已知n年监测结果表明，逐头检测全部进入屠宰厂的猪，结果均为阴性，并且每年再次引入此感染的风险较低（Alban et al., 2008）

　　基于抽样和对结果的评估，可用简单的流行病学模型估计某动物群体或群的疫病流行率。而随机模型允许对抽样结果进行更为复杂的评估，使用户能将试验性能、抽样精度、畜群集群性或其他因素等方面存在的不确定性也计算在内。

　　早期发现外来疫病或新发疫病是监测的重要内容。早期检测外来疫病或新发疫病往往采用被动监测（见第5.2.5节）、参与式监测或症候群监测。有些检测方法包括模型［如隐性马尔可夫模型（HMM）］，或识别临诊观察中的定量变化、定期收集动物健康和生产数据、时间序列数据、空间和时间数据或发病数据等统计技术（如Farrington算法、C-sum技术、逻辑回归等）。已在几个国家开发了这种预警系统，举例如下：

- 新西兰执业兽医辅助疫病监测系统（V-PAD）
- 美国动物综合征快速验证项目（RSVP）
- 法国émergences系统
- 比利时监控和监测系统（MOSS）
- 澳大利亚牛症状监测系统（BOSSS）

　　已将许多模型应用于协助规划监测系统。一般来说，随机模拟模型用于计算调查的样本量。计算基于风险的监测或目标监测的样本量，或疫病流行率及试验特性不确定时，随机模型尤其有用。模型有助于在实施方案前比较几种不同抽样策略、诊断试验和两者结合的可能特性，节省时间及资金。

　　随机模拟模型通常用于评估监测系统的敏感性和特异性。Audigé和Beckett模拟了不同规模的感染或未感染动物群中预期的阳性测试结果数量。他们绘制出受试者表现特征曲线（ROC），并计算似然比，用以确定在某国家或地区受给定概率感染或未受感染影响的情况下，某调查结果将发生的程度。Fischer et al.，Corbellini et al.和Sergeant et al.用仿真模型评价了不同血清学试验或其他试验的作用。Chriel et al.利用仿真模型评估了不同采样条件对检测牛传染性鼻气管炎的影响。Webb et al.认为屠宰厂调查样本规模太小，在表观流行率为1%时，无法以±0.5%的准确度估计（绵羊）痒病的真实流行率。

　　NAADSM仿真模型[13]是一个用来评估监测系统发现非流行性疫病能力的工具，能够估计发现疫病前疫病的扩散情况，也可用于比较不同的监测系统。BSurvE确定性模型可用于评估和比较疯牛病监测系统的可选监测策略（Pratley et al.，2007）。《OIE陆生动物卫生法典》中描述的积分制疯牛病监

13　A free programme distributed via the Internet at www.naadsm.org

测系统便来自 BSurvE 模型。

疫病传播模型可在多层面上运作，可用于调查畜禽群内疫病的传播情况。监测疫病进程、抽样概率、试验敏感性和特异性以及监测其他属性的其他模型，可用作疫病传播模型的结果。利用获得的信息，用户可评估现有或所建议的监测系统的有效性。可把任何疫病传播或疫病发现方面假设的改变或监测计划的变化输入模型。可对结果进行比较和评价，所得信息可用于指导关于监测系统的决策。

另一例子是用于评价美国牛结核病屠宰厂监测有效性的模型。在美国，对动物个体进行屠宰检疫、识别疑似病例和后续畜群溯源是识别结核病感染群的关键。该模型考虑了宰后眼观检查的可能敏感性、原发畜群的可能流行率、实验室确诊试验的敏感性、溯源的有效性和原发畜群确诊的可能性等，并用这些信息估计美国感染结核病的牛群数量。此信息随后用于估计结核病监测方法的有效性。

上述模型可以各种方式用于估计监测价值。可用任何适当的标准（如受影响的畜群数量、死亡动物数量）来估计不同监测系统对疫病暴发最终规模的作用。通过将农业领域经济模型与流行病学结果相结合，可将这些生物学收益用于估算监测的经济利益。改进监测变量和参数所带来的变化，会导致动物市场数量和价格的变化，从而产生经济福祉的差别。

可对某国现行的动物疫病监测开展评估。在这种情况下，改进的监测系统包括降低动物死亡率、提高饲料效率和降低医疗费用的措施。二次监测分析关注的是减少国外动物疫病传入和根植该国的风险。在这种情况下，同样通过监测也降低了动物死亡率、消费者的不良反应和贸易限制。在评价监测价值时可考虑这些效益。

评价监测的价值还应考虑与生物学和经济效益相关的社会效应，避免不利的社会后果也是监测系统价值的重要组成部分。

附录　术语定义

动物（Animal）：哺乳动物、鸟类和蜂类。

偏倚（Bias）：在同方向上估计值偏离真实值的趋势。

病例（Case）：感染某致病因子、有或无临诊症状的个体动物。

置信度（Confidence）：在证明无疫的概念中，置信度指所实施的监测可检测出群体感染的概率。置信度取决于感染的预设流行率和其他参数。置信度指监测系统检测出疫病和感染的可信程度，相当于监测系统的敏感性。

疫病（Disease）：感染的临床和病理表现。

新发疫病（Emerging disease）：由于现有病原体的演变，或传播到新的区域或物种，或首次确诊之前未知的病原体或疫病而引起的动物疫病、感染或侵染，且对动物卫生和公共卫生具有显著影响。

养殖场（Establishment）：饲养动物的场所。

发病率（Incidence）：在特定时间段内，某区域暴露于风险的群体中新发病例或疫病暴发次数。

感染（Infection）：病原体侵入人或动物体内形成感染或增殖。

官方控制计划（Official control programme）：由政府兽医当局批准、管理或监督的计划，旨在该国/该地区或其某区域或生物安全隔离区内，采取特别措施，控制某疫病的传播媒介、病原体或疫病。

暴发（Outbreak）：在流行病学单元内发生一个或多个病例。

流行率（Prevalence）：在特定区域、特定时间点或时间段内，风险暴露群体中的总病例数或疫病暴发次数。

概率抽样（Probability sampling）：样本中每一单元具有已知非零抽中概率的抽样策略。

风险分析（Risk analysis）：进行危害鉴定、风险评估、风险管理和风险交流的过程。

样本（Sample）：从需要进行测试或测量，以提供监测信息的群体中抽取的元素组（抽样单元）。

抽样单元（Sampling units）：随机调查或非随机监测的样本单元，或单个动物或动物群（如流行病学单元）。抽样单元总和构成抽样框。

敏感性（Sensitivity）：真阳性中被正确诊断为阳性的比例。

屠宰（Slaughter）：以放血的方式使饲养动物死亡的任何方法。

屠宰厂（Slaughterhouse/abattoir）：由兽医机构或其他主管机构批准，用来屠宰动物以生产动物产品的场所，包含移动或驱赶动物入栏的设备。

特异性（Specificity）：真阴性中被正确诊断为阴性的比例。

研究群（Study population）：可从中获得监测数据的群体。可为目标群或目标群亚群。

监测（Surveillance）：系统地持续收集、核对和分析与动物卫生相关的信息，并及时向需要信息的人传播信息，以使之采取行动的过程。

监测系统（Surveillance system）：一种监测方法，包含一项或多项可生成动物群体卫生、疫病或人兽共患病状况信息的活动。

调查（Survey）：系统地收集信息的调查活动，通常在特定时间段内对特定群组的样本进行调查。

目标群（Target population）：需推断出结论的群体。

检测（Test）：确定待分析单元的疫病或感染状况的程序，结果可为阳性、阴性或疑似。

检测系统（Test system）：检测目的相同的多种检测和数据分析规则的组合。

虫媒（Vector）：可将病原体从感染个体传播到易感个体或其食物或周边环境的昆虫或有机活体。病原体在媒介内或可完成一个生长周期。

兽医当局（Veterinary Authority）：OIE成员由兽医、其他专业人员和辅助人员组成的政府机构，其职责是在其管辖的整个领土或区域内保障和监督实施动物卫生和福利措施、国际兽医认证以及《OIE陆生动物卫生法典》规定的其他标准和建议。

兽医机构（Veterinary Services）：在区域内实施《OIE陆生动物卫生法典》和《OIE水生动物卫生法典》规定的动物卫生和福利措施和其他标准和建议的政府或非政府组织。兽医机构接受兽医当局的全面监管和指导。私营机构、兽医、兽医辅助人员或水生动物卫生专业人员通常需获得兽医机构的认可或批准后，方可履行其规定职能。